WEALTH PASSWORD

财富的密码

财富吸引力法则

焦海利◎著

中国致公出版社·北京

图书在版编目 (CIP) 数据

财富的密码 / 焦海利著 . -- 北京 : 中国致公出版社 , 2024.6
ISBN 978-7-5145-2214-3

Ⅰ . ①财… Ⅱ . ①焦… Ⅲ . ①财务管理 – 通俗读物 Ⅳ . ① TS976.15-49

中国国家版本馆 CIP 数据核字 (2023) 第 244600 号

财富的密码 / 焦海利 著
CAIFU DE MIMA

出　　版	中国致公出版社
	（北京市朝阳区八里庄西里 100 号住邦 2000 大厦 1 号楼西区 21 层）
发　　行	中国致公出版社（010-66121708）
责任编辑	王福振
责任校对	魏志军
责任印制	宋洪博
印　　刷	文永印刷河北有限公司
版　　次	2024 年 6 月第 1 版
印　　次	2024 年 6 月第 1 次印刷
开　　本	710 mm×1000 mm　1/16
印　　张	13
字　　数	136 千字
书　　号	ISBN 978-7-5145-2214-3
定　　价	49.80 元

前言

PREFACE

财富是一个令人十分着迷的东西，每个人都希望在适宜的条件下，获得足够的财富，然后过上幸福快乐的生活。这本是无可厚非的事情，这个世界上理应没有穷人，没有人生下来就注定会穷一辈子。财富就在我们的身边，我们应该做的就是沿着财富的道路不断地寻找。

然而，我们却总是被教导着必须保持贫困。因为我们总是说：“人生有命，富贵在天。走什么样的人生道路，都是前世注定的。人要知足常乐。”西方也盛行“富人进天国比骆驼穿针眼还难”的思想。生活在这种“危言耸听”的语境之中，人们胆怯了，或者说，在半推半就下选择了凑合。许多人安于现状，生活极度困苦却依然相信这就是宿命。只有很少一部分人敢于打破常规，挑战自我，渐渐地走出贫穷的包围圈，过上了自己想要的幸福生活。于是，这个世界上就慢慢地有了穷人和富人之分。

通过对本书的阅读，你将会知道如何变成一个富人，或者说能够做好致富的准备。但其实，财务自由不是终点，它只是通往终点的一个里程碑。在这之后还有很长的一段路，叫成长。

我们都知道“终点式思维”，即思考问题一直思考到结果。也就是在你准备去做一件事情的时候，你已然想到它的结果，然后按照得到的结果去做应该做的事情。

事实上很多人都有这种思维。这本来是很好的一种思维，活在未来，让我们对当下的生活更有掌控力，可生活中的我们常常会进入终点式思维的误区，那就是急于求成，急于看到结果。

终点式思维突出的特点就是目光短浅，没有耐心，心浮气躁。只能看到眼前的一点点东西，想立马得到成效，忘记了日积月累的道理。最后反而欲速则不达。

所以我们需要做的，是认清自己，把握机会，踏踏实实，一步步朝着成功坚定前行。仅此而已。

目录

CATALOGUE

Part 1

穷人为什么穷，富人为什么富？

Part 2

如何拥有富人思维

Part 3
究竟怎样才算财务自由？

Part 4
对财富的认识

Part 5

梳理盘点自己的资本和资源

Part 6

工薪族如何逐步实现财务自由？

Part 7

创业者和自由职业者如何逐步实现财务自由？

Part 8

做好风险管理规划，财富只会越来越多

Part 9
提高收入后如何对收入进行分配？

Part 10
如何构建你的资产配置计划并获得被动收入？

Part 1
穷人为什么穷，富人为什么富？

说起财务自由，你的第一感觉是什么？

骗我一个普通人去实现财务自由？这简直是痴人说梦！看来这是又遇到了一个大忽悠。

相信这是很多翻开这本书的人的第一感觉。

没错，财务自由虽然是几乎所有人追求的目标，真正能实现这一目标的却是凤毛麟角，甚至不足十万分之一。

但你有没有想过，为什么这个世界上有人月收入比你高十倍、百倍，难道他们比你聪明十倍、百倍？

当然不是了。

那如此巨大的收入差距是怎么造成的呢？仅仅是出身阶层不同和能力大小限制吗？那为什么有的人能从穷人变成富翁，而有的人却一生赤贫呢？

大多数人打工拿工资，用自己的汗水成就老板的事业，用自己的辛勤来实现领导的辉煌。工作二三十年，月工资刚刚过万；省吃俭用，买个房首付还要借钱，一还就是几十年。

我们身处同一个城市，头顶同样的蓝天，脚踏同样的大地，享受同样的政策，为什么有的人月入万元乃至十几万元，有的人却总在抱怨社会的“不温柔”？

我们要知道，财富来源于头脑，正所谓：脑袋空空，口袋空空；脑袋富有，口袋就能富有。

有一条播放量超过三千万次的视频，视频的标题是《让他们一直穷下去》，视频的内容是采访《富爸爸穷爸爸》的作者罗伯特·清崎，他在视频中是这样说的：“为什么学校只教我们语言、数学、物理、自然等课程，却不直接教我们如何赚钱？每个人毕业后都需要进入社会，赚钱养家，为什么学校不直接开设这门课呢？”原因很简单，财富是掌握在少数人手中的，他们不希望所有人都拥有富人思维。

记得有人说过，人与人的最大差别是脖子以上的部分。一想到赚钱，好多人就想到进工厂打工，经营水果店、小卖铺、服装店……赚钱的想法没突破，就抓不住新机遇。仔细想一想，别人都在网络上向全世界推销他的衣服了，你还守着小区里的几个大婶，期待她们的光顾，你能赚到钱吗？或者说，你能赚到多少钱？

成功与失败、富有与贫穷，只不过是一念之差。

为什么有的人穷，有的人富呢？

其实，在国家诞生之初，或者说在社会诞生之初，财富分配很均匀，极富者和赤贫者都很少。这就如同原始社会，大家一起去围猎，即使再差的猎手也能为自己和家人分到一块肉，就算是根据能力强弱（跑得快慢，力量大小）按劳分配，差别也十分有限。

随着时间推移，财富分配开始发生变化。

无数国家发展的先例告诉我们：穷人变多的同时，他们平均拥有的物质也在减少；而富人变多的同时，他们拥有的物质却在快速增加。这是因为社会中出现了权力的分级与资源的划分。有能力的猎手经验日渐丰富，公信力也较其他人高很多，于是成了团队中“最牢靠”的人。人们发现跟着他狩猎的成功率总是更高，于是他慢慢变成了类似领导一般的人物。有了首领，就有了阶级，也产生了无形的“权力”。在“权力”的驱使下，资源不再人人有份，而是被金字塔顶端的少部分人所占有。这部分人决定了物质的分配，故此剩下的人就顶多混个温饱。

能力 → 公信力 → 领导力 → 权力 → 分配

这就是富人为什么富。

又过了一段时间，这种阶层的划分愈加固化。

穷人的数量越来越多，富人的数量越来越少，而这时原本游走在中间的“中产”则在不断萎缩。为了便于管理，首领总是要任命一些帮忙的“中产”阶层，但我们不难发现，中产阶层要么凭借努力跨越阶层变成高产阶层，要么等着被人清除。

富的方式千姿百态，穷的方式也是五花八门，为此，我们也总结了一些穷人之所以穷的原因。

1. 缺乏意志力

大多数人之所以会失败，是因为做事不能持之以恒，经常半途而废，即使是做自己喜欢的事情，时间久了还是会放弃，总之，做事情都只有三分钟的热度。要知道坚持不一定会成功，但是放弃一定会失败。没有恒心的人，最终只能被淹没在世俗的洪流中。

2. 害怕失败

很多人都有一颗玻璃心，经不起失败的打击，所以就拒绝尝试去做一些新鲜、有挑战性的事情。做任何事情最忌讳的就是瞻前顾后、畏首畏尾，这样永远成不了大气候。

3. 没有目标

很多人没有目标，只有一个想法，走到哪算哪，无欲无求。人这一生要学习的东西实在太多，活到老学到老。我们应该在不同的阶段给自己设定不同的目标。

4. 有严重的拖延症

生活中很多人都有拖延症，遇到什么事，就想着明天再说吧，到了明天又会推到后天。你若是想早登富贵之门，拖延症是一定要治愈的。必须要严格要求自己，今日事，今日毕。

好吧，把上面四点再进一步总结，我们可以得出一个结论：

安于现状 → 听从安排 → 混吃等死

这就是穷人为什么穷。

是什么造成了最初的贫富分化？

看到标题，我们首先想到的可能是每个人的禀赋不同造成了贫富分化。

比方说，好的猎手能捕获更多的猎物，他们总能凭借天赋和经验收获颇丰。然而此等天赋异禀的人是否最终都变成了富人？

答案是“不是”！

因为个人能力差异是随机分配的。理论上，最终财富的分布也应该近似于均匀的随机状态，即富人、中产和穷人的人数差不多。再说直白一点，厉害的“猎手”有20个，一般的“猎手”有20个，笨笨的“猎手”有20个，那么最终也应该产生20个富人，20个一般人和20个穷人。

但事实绝非如此。

有些好“猎手”最后也分布到了赤贫那一群中，而有的差“猎手”最后却成了财富的拥有者。最重要的是，穷人的数量远比富人和中产多得多。

那么，人的贫富难道是由出身决定的吗，也就是巴菲特说的“子宫彩票”？

比如说有的人含着金汤匙出生，毫不费力就能降生在别人的“终点”，瞬间致富。有的人生在贫瘠之地，历尽辛酸奋斗，成才算是命大，很可能一辈子都碌碌无为，一场穷忙。

但答案也是“不是”！

要知道，一个人占有资源的优劣也是上天自动给予的，出身于富裕家庭或贫困家庭，完全遵循随机原则。假如资源差异造成贫富分化，最终贫富人数也应均匀分布才对。但有一些出身于富裕家庭的人后来也沦为赤贫。

看起来，任何变量都无法单独解释贫富分化。“天生聪明”不是决定性的因素，“我爸是XX”也不是决定性的因素。

那么，有人穷有人富，真正的原因是什么呢？应该是：

禀赋（能力）+出身（基础条件）+运气（命运馈赠）+努力（部分被亮化）。

平凡的家庭突然通知被拆迁，是运气；你中了六合彩，是运气；抓住时代红利乘势而起，是运气；跟对人、做对事、被重用，一步步越来越好，也是运气……

有心理学家说过，每个人的一生中都会或多或少地被赋予一些运气，鸿运当头时，摔个跟头都能捡到钱包。

这几年爆火的抖音和快手等直播平台，成就了一个又一个“草根”。

小A和小B都是大四刚毕业的学生。

现在就业形势严峻，好工作着实不好找，所以小A跑遍了人才市场，面试了不下20家公司，但还是没有大公司愿意向她这个实习生抛出橄榄枝。她每天累得不行，到家倒头就睡。再看小B，也是去了好几个人才市场，依然收获寥寥。这天晚上回家后，她偶然打开抖音，心血来潮拍了个吐槽工作不好找的视频，没想到一下评论过万，大家纷纷在她的视频下议论起来。

小B一看，这着实有趣，于是在接下来的几天里，她一边找工作，一边拍视频吐槽，一来二去，不出半月工夫竟然就有了十几万粉丝。工作还没找到，广告商先找来了，一个广告推荐给小B提成3万。我的天！小B自己都吓了一跳。

接下来的日子，小B仿佛打开了新天地，她及时调整定位，以一个小城镇姑娘努力留在大城市，并向粉丝们介绍在大城市的“生存法则”为初衷，迅速成为网络红人。不到一年的时间，她有了自己的工作团队，摇身一变成了创一代，买了车，置了房，还把爸妈接到了身边。

再看小A呢，工作干了辞，辞了找，混不出名堂，不到一年就回老家了。

两个先天条件差不多的人，一个偶然的微小的选择差异，最终导致其财富出现天壤之别。除了能力，运气真是必不可少。

其实仔细想想，目前的教育系统是教我们怎样成为一名雇员的。学校教我们一些基本的技能和能力，然后为某个系统工作，工作了几年后发现，成年人的生活好像没那么容易，我们需要面对很多现实的压力，经常要跟一个东西打交道，就是钱。这时我们才明白原来学校教给我们的和我们要面对的，有些脱节。

但脱节并不意味着需要抱怨。这个世界，凡是在外因上找理由的，都没多大出息；先从自己身上找原因，是一个成年人应该有的修养。就比如万一我们的父母当时受制于文化和其他条件，没能给予我们太好的资源和指引，我们不能也不会抱怨一样，作为一个上进和成熟的成年人，应该思考怎样在社会这所更大的学校里去打一个翻身仗。

那学校教育和社会教育最大的思维差别在哪呢？

学校教育培养出的大多都是服从者。学生阶段，一般都有人给你一个方向，指向很明确，比如提高某门成绩、参加某个竞赛、成为班级前几名，你朝着这个方向全力以赴即可。但进入社会后，你会发现没人给你指路，空有一些小本领却不知道用在哪里，所以只能先慢慢来，但生活可不会等你，彷徨和焦虑就慢慢来了。

所以未来社会，如果不想被淘汰，需要做一名终身学习者，把学习当成一个习惯，就和吃饭睡觉一样，是个正常的吸收营养的过程。人永远赚不到认知以外的钱，如果你不学习，那么你的认知是由身边人决定的。所以，我们都应该有不断突破、去接近思维层级更高的人的勇气。

想拥有财富，我们要先了解财商

在哈佛课堂上，著名的经济学教授提出了这样一个简单的问题："请问同学们，谁能告诉我到底什么是财商？"

面对这个看似简单实则深刻的问题，竟没有一个人站起来回答。

财商的英文是Financial Quotient，是指人在财务方面的智商和能力。实际上，在今天，财商的含义已经从"一个人在财务方面的智力"扩展到"一个人对所有财富（泛指一切资产，例如固定资产、流动资金、品牌、人脉、时间、人自身的一切财富等）的认知、获取、运用的能力"。

所谓财商，并不是一种单纯的经济学术语或是非常专业的词汇。具体来讲，财商是一个人对于商机的敏感及对于商业的理解能力。理论上，它包含两个方面：

一是正确认识财商及认识财商规律的能力；

二是正确运用财富及财富倍增规律的能力。

或许这样的介绍也太过深奥了，那么我们可以更加简化，将财商简单理解成管钱的能力和赚钱的能力。

管钱的能力其实很好理解，就是你能否把钱管理好、分配好。你是将手中的钱拿去即时花掉，还是用钱生钱，不断增值，这直接考验了我们对钱的掌控力。

赚钱的能力，不言而喻，就是指你能否赚到更多的钱。有的人在工地辛苦一个月，领到的只是区区千元。记得有一个关于重庆“棒棒大军”的纪录片，真实展现了一群用劳动换取金钱的“苦劳力”，他们挑着几十斤重物上上下下十几层楼，忙活三四个小时，每人只挣30块钱。但也有的人，行色匆匆地出入高楼大厦，西装革履地坐在高档会所谈生意，张口闭口就是一般人想也不敢想的千万、上亿金额。

到底是什么让两者差异如此巨大？这就是财商带来的差异。它从赚钱、管钱、财务知识、财富信息等多领域、多方面、多维度，影响着不同阶层人们的生活。

老希尔顿创建希尔顿酒店帝国时，曾说过这样的豪言：“我要使每一寸土地都长出黄金来。”

1949年，希尔顿以700万美元买下华尔道夫——阿斯托里亚大酒店的控制权之后，他以极快的速度接手管理了这家纽约著名的酒店。一切欣欣向荣，酒店很快进入正常的运营状态。在所有的经理都认为已充分利用了一切生财手段、再无遗漏可寻时，希尔顿依旧像园丁一样，一言不发地寻找着可能被疏忽闲置的地方。

人们注意到，他的脚步时常在酒店前台停顿，目光像鹰一样，注视着大厅中央巨大的通天圆柱。当他一次次在这些圆柱周围徘徊时，侍者们意识到，又有什么旁人想不到的高招儿在他的头脑里闪现了。

希尔顿研究过这些圆柱的构造后发现，这4根空心圆柱在建筑结构上没有支撑天花板的力学价值。那么它们存在的意义是什么呢？仅仅为了美观而已，除此之外，只剩下浪费空间。

于是，他叫人把4根空心圆柱迅速改造成4个透明玻璃柱，并在其中设置了漂亮的玻璃展箱。这下，这4根圆柱就不仅仅是装饰性的了，在广告竞争激烈的时代，它们便从上到下充满了商业价值。没过几天，纽约那些精明的珠宝商和香水制造厂家便把它们全部租下来，纷纷把自己琳琅满目的产品摆了进去。而老希尔顿坐享其成，每年都由此净收20万美元租金。

如果一个人拥有较高财商，即便没有较高的文化水平也依然可以致富；相反，即便你是从名牌大学毕业的高才生，也有可能因为财商不高而默默无闻，没有出头之日。

富人会寻找机会，穷人总寻找借口

赚钱是一种能力，也是一种思维。对穷人来说，或许总是少一点坚持与执着，而对成功者来说，多的或许就是那种不放弃的精神。

安娜是生活在纽约唐人街的一名华裔，她虽然从小在美国长大，但是受母亲影响，从小就对中国菜十分热爱。不过她的厨艺也只在家中展露，更多时候她只是一个家庭妇女，在家照顾孩子和老人，仅靠丈夫在一家工厂做工所得的微薄收入维持生计。

但随着20世纪美国经济的大萧条，丈夫的工资逐渐支撑不起一家人的开销，安娜决定亲自动手，改善家里并不宽裕的经济条件。她知道自己擅长烹调中国菜肴，于是就叫丈夫邀请了一些朋友到家中做客，尝尝自己的手艺如何。大家品尝过后赞不绝口，纷纷鼓励她开个中餐馆。

安娜听了朋友的鼓励，心里十分高兴。但众所周知，烹制中餐需要的后厨设备极其昂贵，这是当时的安娜无法承担的。但她并没有放弃，想着如果不能马上开餐厅，不如先弄个甜品车，毕竟制作甜品需要用到的设备家里就有。

说干就干。安娜又一次请朋友们来试甜品。当她把甜点端上桌后，大家又是一扫而光。于是朋友再次鼓励她说，如果中餐馆投资太大，不如开家甜品店，就卖这种甜点，保证能赚大钱。安娜说："我正打算弄个甜品车卖甜点，就在家里制作，只要早晨在门口租个摊位，摆摊卖就行了。”

这样，安娜便开始了自己的甜点买卖。她给自己规定，每次只做15斤面粉的量。由于她做出的甜点色香味俱全，又薄利多销，一摆出去很快就卖完了。靠这种方法，她的收入比丈夫每个月的高出了七八倍。

高兴之余，安娜也没忘记自己的初衷——开中餐馆。于是，她一边积累客户，一边开始琢磨创办自己的品牌，开自己的中餐馆，并最终过上了富足的生活。

我们设想一下，如果自己就是安娜，当知道自己一开始开中餐馆无望的时候，是韬光养晦、积累经验，还是临阵退却、偏安一隅。或许，大部分人都是后者——既然不能成功，不如就先凑合着。

这一凑合，就凑合出了好多穷人。

如果有人出资让你去开一个小卖部，你会怎么做？

从做事情的角度考虑，开小卖部并不辛苦，除了进货，大部分时间都是坐着，可以看电视，可以玩手机，甚至可以随时关门去和朋友聚会。钱赚得多吗？也可以维持生计，毛利率基本也在50%左右。那为什么很多人都不愿意干呢？

其实换一个角度想，开了小卖部，你就开不成餐厅、酒楼、衣帽店、鞋店、书店、时装店……总之，做一件事的代价是丧失掉了做其他事的时间和机会。我们既然不想将人生扔在10平方米的小卖部内，那就应该认真考虑究竟什么才是自己想要去追寻的。

财商高低是决定财富多少的关键

在竞争激烈的社会中，财商已经成为一个人能否成功的必备能力，财商的高低在很大程度上决定了一个人是否富有。一个拥有高财商的人，即便他现在是贫穷的，那也一定是暂时的，他以后也会成为富人；相反，一个低财商的人，即使他现在很有钱，他的钱也终究会花完，他也必将沦为贫穷的人。

如果说智商是衡量一个人考虑事情的能力，情商是衡量一个人控制情感的能力，那么财商就是衡量一个人对金钱的掌控能力。财商高的人，他们自己并不需要付出多大的努力，钱就会为他们再生钱。

美国理财专家罗伯特·T．清崎教授认为："财商并不是指你挣了多少钱，而是你有多少钱，这些钱为你工作的努力程度，以及你的钱能维持的时间。"他认为，要想提高财务安全，人们除了应该具备当雇员和自由职业者的能力，还应该学会如何成为一个成功的投资人。

越战期间，好莱坞举行过一次募捐晚会，因为美国人民反战情绪太过强烈，募捐晚会以1美元的收获收场，创下美国募捐史上最低的吉尼斯纪录。不过，晚会上，一个叫卡塞尔的小伙子却一举成名，他是苏富比拍卖行的拍卖师，那唯一的1美元就是因他的聪慧而募得的。

当时，卡塞尔让大家在晚会上票选当晚最美丽的女士，然后由他来拍卖这位女士的一个亲吻，由此，他募到了本场晚会唯一的收入。当好莱坞把这1美元寄往越南前线时，这条新闻争相登上了各大报刊的头条。

由此，德国的一家公司从报纸上发现了这位人才。他们认为，卡塞尔是棵摇钱树，谁能运用他的头脑，必将财源广进，更可以使公司蒸蒸日上。于是，猎头公司建议日渐走下坡路的奥格斯堡啤酒厂重金聘请卡塞尔为酒厂顾问。1972年，卡塞尔前往德国，效力于奥格斯堡啤酒厂。卡塞尔果然不负众望，用奇思妙想开发了啤酒美容和啤酒沐浴项目，从而使奥格斯堡啤酒厂一夜之间成为全世界销量最大的啤酒厂。1990年，卡塞尔以德国政府顾问的身份进行拆除柏林墙的工作，这一次，他使柏林墙上被拆下的每一块砖以收藏品的形式进入了200多万个家庭和公司，创造了城墙砖售价的世界之最。

1998年，卡塞尔返回美国。他刚一下飞机就看了一出拳击喜剧，泰森咬掉了霍利菲尔德的半块耳朵。几乎出乎所有人的意料，仅拳击比赛的第二天，欧洲和美国的许多超市就出现了“霍氏耳朵”巧克力，这种特殊的巧克力正是由卡塞尔的公司生产的。卡塞尔虽因霍利菲尔德的起诉输掉了盈利额的80%，但是他敏锐的商业洞察力却给他带来了年薪1000万美元的身价。

2000年，卡塞尔受休斯敦大学校长的邀请，回母校作创业演讲。演讲会上，一位大学生提出了一个刁钻的问题：“卡塞尔先生，你能在我单腿站立的时间里，把你创业的精髓告诉我吗？”那位学生刚要抬起他的一只脚，卡塞尔立刻就答复道：“生意场上，无论做什么买卖，出卖的其实都是我们的智慧。”

这里，卡塞尔口中的智慧指的就是财商。

约翰·戴维森·洛克菲勒在一个叫摩拉维亚的小镇上度过了童年时光。每当黑夜降临，洛克菲勒就和父亲点起蜡烛，促膝而坐，一边喝着香醇的咖啡，一边天南地北地聊天，话题总是围绕如何做生意挣钱而展开。洛克菲勒从小脑子里就装满了父亲传授给他的生意经。

7岁那年，一个偶然的机会，洛克菲勒在森林中和朋友捉迷藏时发现了一个火鸡窝。于是他眼珠一转，计上心来。他想：大家圣诞节都喜欢吃烤火鸡肉，如果把小火鸡养大后卖出去，一定能赚到不少钱。此后，洛克菲勒每天定时来到森林中，耐心地等到火鸡孵出小火鸡，趁大火鸡暂时离开巢的空当，飞快地把小火鸡抱走，把它们圈养在自己的房间里，细心照顾。到了圣诞节，小火鸡已经长成大火鸡了，他便把它们出售给附近的农庄。于是，洛克菲勒存钱罐里的镍币和银币逐渐减少，慢慢变成了一张张美元大钞。不仅如此，洛克菲勒还想出一个让钱滚钱、挣更多钱的妙计。他把这些钱借贷给耕作的佃农们，等他们收获之后就可以连本带利地收回。

一个年仅7岁、还没有上过小学的孩子就能靠卖火鸡挣钱，不能不令人惊叹！而由此，我们也可以看出，财商可以为一个人带来巨大的财富。了解财商知识，锻炼自己的财商思维，掌控运用财商的方法，就是为了使自己在创造财富的过程中不走弯路。一旦拥有了富有财商的头脑，想不富都难。

什么是财富？是单指有钱吗？

财富的定义有很多，商务印书馆版《现代汉语词典》里面说财富是“具有价值的东西”。这个概念有点泛泛，不够透彻。

伊尔泽·艾伯茨在《富过三代》里说：“真正的家族财富包括：每个家族成员的才能、个性和天赋；家族故事；家族成员的心智资本和接受教育的机会；家族成员的情商；家族成员的健康与活力；社交网络与社会交往；最后才是家族的物质财富。”这个就有点意思了，原来财富只是个广义的概念，它不是单指钱，如果光有钱，而没有其他的能够持续创造钱或守住钱的能力，那这些钱迟早会被败光，没在第二代败光，那就在第三代。

民国时期有个老财主，是个守财奴，他虽然很有钱，但自己生活节俭，对家人也十分小气。

到了晚年，他把所有的银元都让人砌在了墙里，就怕自己死后几个不成器的儿子拿出来乱花。等老财主过世后，三个儿子没了依靠，日子一天不如一天。又过了几年，终于穷得连米面都买不起了，于是几个儿子就商量分房子。

这一分房拆院子，三个儿子就发现了墙里的银元，喜不自胜。他们从小就被管得很严，父亲过世后又过了几年苦日子，于是几个人放开了手脚挥霍。老大沾上了鸦片，两三年工夫就把分到的银元抽完了，后来饿死在街上。老二倒是有正事，用钱买了铺面做起了布匹生意，可是他压根没做过生意，账本都不会看，没几年也亏了个精光。老三更倒霉，拿着钱就和狐朋狗友吃吃喝喝，不到一年就因为太招摇被抢劫一空，媳妇也带着孩子跑了。

可怜老财主精打细算了一辈子，家产就这么没了。由此我们也明白，财富不单单指钱，也包含了我们赚钱的能力、规划钱的能力及用钱的能力。

福特汽车公司创始人亨利·福特有一次被别人问到，如果他失去了全部财富，将做些什么事情。他连一秒钟都没有犹豫就回答："我会想出另一种人类的基本需求，并迎合这种需求，提供比别人能够提供的更便宜和更有质量的服务。我完全有把握、有信心在五年之内重新成为一个千万富翁。"

所以我们的财务自由规划不是简单围绕钱来的，而是要分析你的优势劣势，资源禀赋，什么样的起点和阶段应该做什么样的储备和规划，有了收入之后做什么样的安排和投资，一步步实现财富人生，这样赢得的财富才是可持续的，可以代际传承的。

测试：你具备富人思维吗？

（1）假设你现在的工作很不错，收入不菲，工作轻松。突然有一天，一个很合得来的甲方和你说，嘿，你自立门户试试看吧，我能输送一些客户给你。如果你仍保留现在的工作，那么每个月有3万元的收入，如果自立门户，前期需要投资20万左右，但后期可能每个月能收入6万元。请问，你会怎么选？

A. 我不想离开，小富即安已经很舒服了。

B. 我愿意试一试，大不了从头再来。

解读：

A. 穷人思维　　　　B. 富人思维

穷人只想做一本万利的事，对于有风险的事情，一般来说都不愿触及。富人大多都是冒险家，明白风险与利益共存，风险后面必定隐藏着巨大的财富，一个可能就足以让他们去冒险。

（2）这是花店连续亏损的第三个月了，目前你面临着两个选择：

A. 转让店铺，转让费可以弥补你的所有损失，甚至下家还愿意多支付5万元。

B. 尝试网络销售，在不加大投入的情况下做分成宣传，看看有没有更多的客户。

解读：

A. 穷人思维　　　　B. 富人思维

穷人按部就班地做人做事，规规矩矩，遇到风险首先选择明哲保身。富人富有激情，敢于推陈出新，更愿意尝试新事物。

（3）大学毕业后，你有了许多选择，层层筛选后，你最终选择了：

A. 薪酬令人很满意的IT岗，专门负责编程，希望日后成为技术总监。

B. 产品职员，希望以后能往产品经理和客户管理岗发展。

解读：

A. 穷人思维　　　　B. 富人思维

穷人认为在社会上立足就必须得有一门手艺傍身，只有这样，才能维持生计。富人则想着尽量规避技术岗，因为技术对人的工作年限有很大限制，一般的编程人员接近40岁已经干不动了，还不如学习有效管理，让物尽其用，人尽其能。

（4）你觉得自己是个怎样的人？

A. 有点斤斤计较，不舍得给亲戚朋友们花钱，甚至对自己的花销都有点苛刻。

B. 不太计较小节，也不太在乎请客吃饭，更愿意多结账，希望自己能有个好人缘。

解读：

A. 穷人思维　　　　B. 富人思维

穷人喜欢斤斤计较，对鸡毛蒜皮的事上心，喜欢占便宜，很计较得失。富人不拘小节，不看小利，眼光更加长远，思维更加开阔。

（5）你觉得学习经济学理论知识是否有用？

A. 有用，经济学的发展规律是一定的

B. 没什么用处，太空洞了

解读：

A. 富人思维　　　　　　B. 穷人思维

经济学是宏观的，但也是有规律可循的。就如同几乎十年就来一次的股票熊市，六十年一个轮回的经济萧条一样，我们应该掌握基本的规律，这样才能更好地规避风险。

（6）你认为和经济条件比自己好的人交朋友容易吗？

A. 太难了，他们总是在不经意间凡尔赛

B. 挺容易的，大家有很多话题

解读：

A. 穷人思维　　　　　　B. 富人思维

我们总提到圈子文化，其实和比自己有钱、有能力的朋友在一起，就是在试图融入一个更好的圈子，你们有很多话题可以聊，所以不要自卑，勇敢地和有钱人做朋友吧。

Part 2
如何拥有富人思维

不要为了金钱工作，而要让金钱为你工作

你在为什么而工作？金钱在你眼里意味着什么？

穷人和富人给出的答案是截然不同的。对穷人来说，他们工作纯粹就是为了赚钱，金钱就是他们生活的全部，是他们工作的唯一目的。这种为金钱而工作的态度注定他们只能是金钱的奴隶，被金钱牵着鼻子走。

而富人则完全不同，他们工作并不仅仅为了金钱，金钱只是他们实现最终理想、体现自身价值的工具之一，他们懂得让金钱为自己工作，做金钱的主人。这里有两层意思：一方面是富人能轻松灵活地掌控金钱，利用自己手头的钱为自己服务，创造出更多的财富；另一方面则是富人在为自己内心的宏伟理想而工作，而金钱仅仅只是实现富人宏伟理想的工具。从这两方面来看，我们便不难理解富人之所以能成为富人的原因。

纵观古今中外成就辉煌的富人，他们都懂得让金钱为自己工作，用金钱赚取更多财富。其中，世界著名企业家狄奥力·菲勒就是一个典型的代表。

狄奥力·菲勒出生在一个贫民窟，从小过着贫穷的生活。尽管家境贫寒，但是狄奥力·菲勒却有着与生俱来的高财商。

小时候，狄奥力·菲勒就曾把一辆从街上捡来的玩具汽车修理好，以每次 0.5 美元的价格租给同学及小伙伴玩。不到一个星期，他就赚回了能买一辆新玩具车的钱。

拥有高财商的狄奥力·菲勒中学毕业后，就成为一名商贩。有一次，一艘海轮在运输过程中遭遇了一场大风暴，船上足足有一吨来自日本的丝绸被染料浸染了，上等的丝绸一下子变成了残次品，货主贱价处理，却无人问津，无奈之下，货主打算将这些被染料浸染的丝绸搬运到港口当作垃圾扔掉。

狄奥力·菲勒得知这个消息后，马上联系到货主，表示愿意免费将这批没人要的丝绸处理掉，货主听后非常感激。

得到这批丝绸后，狄奥力·菲勒将其做成彩色服装出售，一下赚得十多万美元。

随后，狄奥力·菲勒用挣来的十多万美元买了一块偏僻地段的地皮，人们都认为他不是傻了就是疯了，竟然花高价买了一块无人问津的地皮。

然而，一年之后，市政府宣布在郊外修环城公路，而这个环城公路正好从狄奥力·菲勒买的那块地皮附近经过，地皮价格因此飞涨，升值了整整 150 倍，当时狄奥力·菲勒并未急于出手，而是在三年后，以 2500 万美元的高价卖了出去。

对金钱的灵活掌控，使得狄奥力·菲勒轻松迈进了财富的殿堂，成为一名名副其实的富豪。

狄奥力·菲勒的高财商是毋庸置疑的。正因为懂得让金钱为自己工作，让钱生钱，狄奥力·菲勒才能从贫民窟走出来，成为自由出入高档场所的上层人。

少年时期的狄奥力·菲勒曾在自己的实践中感悟道："要让金钱为自己工作，成为金钱的主人。"这也是他最可贵的创富资本及成功的秘诀。

然而，现实生活中却有很多人终日为钱而工作，沦为金钱的奴隶。在金钱面前，他们被动、卑躬屈膝，为了赚钱一根筋走到底；而富人在金钱面前则是主动、不卑不亢的，他们能轻松玩转金钱，让金钱为自己工作，从而创造更多的金钱和财富。

不仅如此，富人还明白人的一生不能局限在金钱上，还应该有更高更远的追求，而金钱则是他们实现自身价值和财富以外的理想的工具，这种理想往小了说是自我价值的实现，往大了说则是为社会做贡献。

不管从哪一个角度来看，富人在金钱面前总是占主导地位的，他们不为金钱所累，以主人的姿态来对待金钱和自己的工作，这样才能协调好金钱和工作的关系，既为自己创造了财富，也为社会做出了贡献。

所以，在追求财富的道路上，我们一定要端正自己对金钱及工作的态度，灵活掌控金钱，让金钱为自己服务和工作。

懂得借钱生钱之道

任何人的富有都不是天生的，亿万富翁们起初也只是贫穷者。但他们善于借用资源，借钱生钱，最终走向富裕。

“如果你能给我指出一位亿万富翁，我就可以给你指出一位大贷款者。”威廉·立格逊在他的一本书中这样写道。

著名的希尔顿饭店的创始人希尔顿从一文不名到成为身价57亿美元的富翁，只用了17年的时间，他发财的秘诀就是借用资源经营。他借到资源后不断地让资源变成新的资源，最后成为全部资源的主人——一名亿万富翁。

希尔顿年轻的时候特别想发财，可是一直没有机会。一天，他正在街上转悠，突然发现整个繁华的优林斯商业区居然只有一个旅店。他就想：我如果在这里建造一个高档的旅店，生意准会兴隆。于是，他认真研究了一番，觉得位于达拉斯商业区大街拐角处的一块土地最适合做旅店用地。他调查清楚了这块土地的所有者是一个叫老德米克的房地产商人之后，就去找他。老德米克也开了个价，如果想买这块地皮，希尔顿就要掏30万美元。希尔顿不置可否，请来了建筑设计师和房地产评估师给“他的旅店”

进行测算。其实，这不过是希尔顿假想的一个旅店，他问按他的设想建造那个旅店需要多少钱，建筑设计师告诉他起码需要100万美元。

希尔顿只有5000美元，但是他成功地用这些钱买下了另一个旅馆，并不停地升值，不久他就有了5万美元，然后找到了一个朋友，请他一起出资，两人凑了10万美元，开始建造这个旅店。当然这点钱还不够购买地皮的，离他设想的那个旅店还相差很远。许多人觉得希尔顿这个想法是痴人说梦。

希尔顿再次找到老德米克签订了买卖土地的协议，土地出让费为30万美元。

然而就在老德米克等着希尔顿如期付款的时候，希尔顿却对土地所有者老德米克说："我想买你的土地，是想建造一个大型旅店，而我的钱只够建造一般的旅店，所以我现在不想买你的地，只想租借你的地。"老德米克有点恼火，不愿意和希尔顿合作了。希尔顿非常认真地说："如果我可以只租借你的土地，我的租期为90年，分期付款，每年的租金为3万美元，你可以保留土地所有权，如果我不能按期付款，那么就请你收回你的土地和我在这块土地上建造的旅店。"

老德米克一听，转怒为喜："世界上还有这样的好事？30万美元的土地出让费没有了，却换来270万美元的未来收益和自己土地的所有权，还有可能包括土地上的旅店。"于是，这笔交易就谈成了，希尔顿第一年只需支付给老德米克3万美元就可以，而不用一次性支付30万美元。就是说，希尔顿只用了3万美元就拿到了应该用30万美元才能拿到的土地使用权。这样希尔顿省下了27万美元，但是这与建造旅店需要的100万美元相比，差距还是很大。

于是，希尔顿又找到老德米克，对他说道："我想以土地作为抵押去贷款，希望你能同意。"老德米克非常生气，可是又没有办法。

就这样，希尔顿拥有了土地使用权，于是从银行顺利地获得了30万美元贷款，加上他已经支付给老德米克3万美元后剩下的7万美元，他就有了37万美元。可是这笔资金离100万美元还是相差很远，于是他又找到一个土地开发商，请求他一起开发这个旅店，这个开发商给了他20万美元，这样他的资金就达到了57万美元。

1924年5月，希尔顿旅店在资金缺口已不太大的情况下开工了。但是当旅店建了一半的时候，他的57万美元已经全部用光了，希尔顿又陷入了困境。这时，他还是来找老德米克，如实细说了资金上的困难，希望老德米克能出资，把建了一半的旅店继续完成。他说："如果旅店完工，你就可以拥有这个旅店，不过您必须租赁给我经营，我每年付给您的租金最低不少于10万美元。"这个时候，老德米克已经被套牢了，如果他不答应，不但希尔顿的钱收不回来，自己也得不到一分钱，他只好同意。而且最重要的是自己并不吃亏。建希尔顿旅店，不但旅店是自己的，连土地也是自己的，每年还可以拿到丰厚的租金收入，于是他同意出资继续完成剩下的工程。

1925年8月4日，以希尔顿名字命名的希尔顿旅店建成开业，希尔顿的人生开始步入辉煌时期。

自己想要捕鱼，但是又没有船，怎么办？最好的办法就是借船出海。如果我们算好时间抓住鱼汛，也许出去一次就能赚回半条船来。如果你觉得借船还要付租金不划算，你也可以自己造船，但是也许等你造出船来的时候，鱼汛早就过去了。

所以我们千万要记住，赚钱最重要的是机会，是时间。机会放过去了你就永远也抓不回来。过去的事情是不可能重新上演的，我们不能先知先觉，也不可能预知未来，我们能够抓住的只有今天。所以，我们绝不能靠吃老本过日子，我们更不能将希望寄托给将来，将来的变化永远超出我们的想象。

我们如果有条件、有机会预支明天的金钱，绝不可放过这个机会，这无形中就相当于我们在时间上超越了别人。现在的金融政策比过去宽松了很多，我们购房可以按揭、上学可以贷款、购买耐用消费品也可以分期付款，所以我们要充分地利用这个机会，适当地用明天的钱来办今天的事。

我们要发展自己、壮大自己，就一定要有广阔的胸襟，要能够容人，能够容忍他人的资本进入自己的事业中来，这就像滚雪球一样，雪球越大它就滚得越快，也越容易滚大。所谓他山之石可以攻玉！他人的金钱进入了我们的事业，我们的金钱增长得也会更快；他人的金钱进入了我们的事业，他人的智慧也就进入了我们的事业。博采众人之长，兼收并蓄，我们自己才能不断地壮大。

每个人都渴望成功，每个人都希望自己是一个成功者，然而事实上，成功者只是少数，多数人终其一生都过着极普通的生活。

对一些没有背景的人来说，其力量是很有限的，在没成功之前更是有限。这个时候，有必要借助外部的力量来达到目的，促进成功，这就是借鸡下蛋。

借鸡下蛋，会节省很多的时间和精力，并且能起到事半功倍的效果。

在人生苦苦奋斗的风雨历程中，人少不了去“借”，借鸡下蛋只是其一，还有借船出海和借风驶船，这“三借”在人的成功中，是必不可少的。

“借”在今天甚为流行，从而成就了很多人。看看哪个研究生、博士生不是有一个很好的导师，找课题、立项目，哪样少得了他的导师，他们不借助导师的力量能成功吗？

再看看一些成功的企业家，他们在身无分文的情况下，却能成就大事业，靠的是什么？是“借”的道理。他们有本事向银行贷款，向富人借款，用别人的钱来发展自己。

社会上有许多资金在寻找投资机会，如果你是一个有心的人，是一个胸怀大志的人，是一个不屈不挠的人，你终会找到这些钱助你一臂之力。

借与成功有千丝万缕的联系，明白了借船出海、借鸡生蛋、借风驶船的道理，也就离成功不远了！

从蛛丝马迹中洞察财源

这个世上，时时处处皆有财源，就看你是否有一双善于发现的慧眼。培养洞察力，是致富必不可少的一项工作。

在股市之中，巴菲特纵横驰骋。他以不断进取的精神、冷静敏锐的判断力赢得了人们的尊敬。其实巴菲特最不同寻常的地方就是他的洞察力，正是这种洞察力为他带来了滚滚财源。要想成为亿万富翁，培养洞察力是必须的。

1962年，伯克希尔·哈撒韦纺织公司因为经营管理不善而陷入危机，股票因此下跌到每股8美元。而巴菲特计算，伯克希尔公司的运营资金每股在16～50美元，最少是它股价的两倍。于是，巴菲特以合伙人公司名义开始买进股票。到了1963年，巴菲特的合伙人公司已经成为伯克希尔公司的最大股东，巴菲特也成为该公司的董事。

尽管伯克希尔公司的形势不断恶化，工厂不断关闭，销售额下降，公司持续亏损，但巴菲特还是继续买进。

很快，他的合伙人公司拥有了伯克希尔49%的股份，并掌握了公司的控股权。作为杰出的股票投资天才，巴菲特接管伯克希尔公司以后，再也没有将收回的资金投入到纺织业上去，而是对存货和固定资产进行了清理。他改变了伯克希尔公司的经营方向，使它从纺织业转向了保险业。因为在巴菲特看来，纺织品行业需要厂房和设备投资，故而耗资巨大，而保险业却是能直接产生现金流的。保险业的收益即时就可以到账，而赔偿却要在一定时间以后才偿付。在收到资金到最后偿付之间的时间内，保险公司可以拥有一大笔能够用来投资的资金。在巴菲特看来，开展保险业务就等于打开了一条可用于筹资和投资的现金通道。1967 年，巴菲特以 860 万美元收购了奥马哈国际保险公司，从此以后，伯克希尔就有了资金来源。在接下来的几年中，巴菲特又用伯克希尔保险公司的资金并购了奥马哈太阳极公司和规模更大的伊利诺伊国民银行及信托公司。今天，伯克希尔公司的股票是纽约证券交易所最昂贵的股票，它的价格已由当初每股 7 ~ 60 美元上升到每股 547 000 美元。

买股票当然需要预测力和洞察力，因为在风云变幻的股市中，没有出色的洞察力，就不可能取得成功。其实不仅在股市上，在很多地方都需要有洞察力才能获得财富。

有许多人想干一番大事业，但总是强调没有资金或其他必备的条件。实际上，只要思路开阔，能够想出别人想不到的主意，即便空气和水也能卖钱。例如日本商人将田野、山谷和草地的清新空气，用现代技术制成“空气罐头”，然后向久居闹市、饱受空气污染的市民出售，购买者打开空气罐头，靠近鼻孔，香气扑面而来，沁人肺腑，商人因此获得了高额利润。美国商人费涅克周游世界，用立体声录音机录下了千百条小溪流、小瀑布和小河的“潺潺水声”，然后高价出售，有趣的是，该行业生意兴隆，购买这些潺潺水声者络绎不绝。法国一商人别出心裁，将经过简易处理的普通海水装在瓶子中，贴上“海洋”商标出售。国外还有人销售月亮上的土地、星星的命名权，等等。

美国联邦政府重新修建自由女神像，但是因为拆除旧女神像留下了大堆大堆的废料。为了清除这些废弃的物品，联邦政府不得已向社会招标。但好几个月过去了，也没人应标。因为在纽约，垃圾处理有严格的规定，稍有不慎就会被环保组织起诉。

犹太人麦考尔正在法国旅行，听到这个消息后他立即终止休假，飞往纽约。看到自由女神像下堆积如山的铜块、螺丝和木料后，他当即就与政府部门签下了协议。消息传开后，纽约许多运输公司都在偷偷发笑，他的许多同事也认为废料回收是一件出力不讨好的事情，况且能回收的资源价值也实在有限，这一举动未免有点愚蠢。当大家都在看他笑话的时候，他已开始工作了。他召集一批工人，组织他们对废料进行分类：把废铜熔化，铸成小自由女神像，把旧木料加工成女神像的底座，用废铜、废铝的边角料做成纽约广场的钥匙扣，甚至把从自由女神身上扫下的灰尘都包装了起来，卖给了花店。

结果，这些在别人眼里原本没有多大价值的废铜、边角料、灰尘都以高出它们原来价值的数倍乃至数十倍卖出，而且供不应求。不到3个月的时间，他让这堆废料变成了350万美元。他甚至把一磅铜卖到了3500美元，每磅铜的价格整整翻了1万倍。这个时候，他摇身一变，成为麦考尔公司的董事长。

麦考尔的洞察力使他变废为宝，化腐朽为神奇，狠狠赚了一笔，洞察力的作用在此可见一斑。

从某种意义上说，洞察力就是财商。要想成为亿万富翁，没有洞察力是不行的。众人都能观察到的商机，即使你看到了又有何用呢？只有洞察到众人都没发现的商机，才能获取财富。

做事一定要有计划

在谋取财富的大舞台上，每个人都是自己的导演，要想获得满堂彩，就要有计划地导演好每一个桥段。在这一点上，穷人和富人有着明显的差别。

穷人是个糟糕的导演，做事总是看心情，结果弄得一团糟，他们心情好的时候就愿意去做并且做得也不差，一旦心情不好做什么事情都打不起精神，就算是平常喜欢做的事情也不愿意去做。而富人则是一个优秀的导演，他们做事情总是根据自己的计划有条不紊地进行，几乎从来不会因为自己的心情而打乱做事的计划。

显然，做事有无计划是穷人和富人的分水岭。做事有计划，那么一切事情都会按照事先的计划一步一步、脉络清晰地执行，这样各个击破，终究能够实现自己的财富目标。而做事没有计划，一切全看心情来定，就会导致事情失去控制，一团混乱，这就好比没有方向的航行，永远都无法到达目的地。

美国伯利恒钢铁公司总裁查理斯·舒瓦普因公司经营不善、效益不佳而向效益专家艾维·利请教提高做事效率的方法。

艾维·利听后，胸有成竹地对查理斯·舒瓦普说：“我可以在10分钟内给你一样东西，这个东西能将你们公司的业绩提高50%。”

查理斯·舒瓦普对艾维·利的话怀有疑虑，心想世界上怎么会有这么神奇的东西。这时，艾维·利递给查理斯·舒瓦普一张白纸，说道：“请你在这张纸上写下你明天要做的6件最重要的事情。”

查理斯·舒瓦普按照艾维·利的要求，花了5分钟写完了。“现在，请你针对你所写的事情，按照它们对你和你公司的重要程度，由高到低用数字标明次序。”查理斯·舒瓦普又按照艾维·利的要求花了5分钟完成了。

艾维·利继续说道：“好了，把这张纸放进你的口袋，明天早上第一件事情就是把这张纸拿出来，先做第一项最重要的事情，全身心地投入进去，不要考虑其他事情。等第一件最重要的事情完成以后，你再用同样的方法做第二件、第三件事情，直到你下班为止。如果当天只做完第一件事情，那也不要紧，因为你每天总是在按计划做最重要的事情。每天都坚持这样做，当你发现它确实提高了你的做事效率并对它的价值深信不疑的时候，你再将这种方法传授给你的员工。这个试验你想持续多久就持续多久，然后寄一张支票给我，你认为我传授的这个方法值多少钱就给我多少钱。”

一个月以后，艾维·利收到查理斯·舒瓦普寄来的一封信，里面还附有一张2577美元的支票。查理斯·舒瓦普在来信中说这是他一生中最有价值的一课。

靠着艾维·利所传授的方法，5年以后，这个当年不为人知的小钢铁厂发展成为世界上最大的独立钢铁公司。

一个曾经鲜为人知的小钢铁厂，只用了短短5年的时间，就一跃成为世界上最大的独立钢铁厂，之所以能有这样华丽的转身，很大程度上是因为这里的每个员工都按照艾维·利所传授的方法对事情的轻重缓急进行规划，并且按照计划严格贯彻执行。正因为有计划地做事，查理斯·舒瓦普才能带领员工高效完成工作，从而将钢铁公司做大做强。

其实，小到每天的点滴小事，大到一生的财富目标，计划都是不可缺少的。纵观历史上卓有成效的富人，他们都对自己未来的发展有着清晰具体的计划，并且会坚定不移地按照计划执行。

其中，韩裔日本人、软件银行集团董事长兼总裁孙正义就是一个非常典型的代表。

孙正义在19岁的时候就为自己做了一个50年的人生规划，这个规划的具体内容是这样的：30岁以前，要成就一番事业，向所投身的行业证明自己的存在，光宗耀祖；40岁以前，要拥有至少1亿美元的资产，足够做一件大事情；50岁以前，要选择一个非常重要的行业，并且把重心都放在这个行业上，争取在这个行业做到最好，公司要拥有10亿美元以上的资产来进行投资，整个集团要拥有1000家以上的公司；60岁之前，完成自己的目标，公司营业额要超过100亿美元；70岁之前，把事业传给下一任接班人，自己回归家庭，安度晚年。

个人蓝图规划好后，孙正义开始逐步实现自己的计划。23岁时，孙正义又花了一年多的时间来想自己到底要做什么，他把自己所有想做的事情列成一个清单，总共有40多条，然后，他又逐一对每一件事情进行详细的市场调查，并分别做出了10年的预想损益表、资金周转表和组织结构图（如果当时把这40多个项目的资料全部整合起来，足足有10多米高）。

随后，孙正义又列出了25项选择事业的标准，包括该工作是否能让自己全身心地投入一辈子，10年内自己是否能在这个行业成为第一，等等。按照这些标准，孙正义分别给自己的40多个项目打分排序，最终，计算机软件批发业务从中脱颖而出。

孙正义按照自己的计划如火如荼地开展着自己的事业，他的名字也早已登上福布斯富豪榜。

从开弹子赌博机店小老板的儿子到今天腰缠万贯的大富豪，孙正义只用了短短的十几年时间。他之所以能有这么高的成就，完全得益于他做事有计划。

试想，如果孙正义做事没有计划，不分轻重缓急，只是随着性子看心情做事，那么他还能在短短的时间内实现自己的财富目标吗？

相信不用回答大家也心知肚明。由此可见，在追求财富的道路上，做事有计划是非常重要的，它是每个想成为富人的人所应具备的素质。也只有那些做事有计划、有条理的人，才能优雅从容地摘取到财富之树上的硕果。而那些做事只看心情、没有计划的人，往往只能与财富擦肩而过。

那么，你做好成为富人的计划了吗？

做事有计划能够帮助人们消除各种不良情绪的困扰，一旦心中有了计划，就算遇到一些突发事件也能安之若素，泰然处之，不会因此而方寸大乱，坏了心情。穷人之所以看心情做事，就是因为心中没有计划，遇到一些突发事件就产生烦躁、悲伤等不良情绪，随之影响到做事的效率。如果想要脱贫致富，就要摆脱情绪的控制，养成做事有计划的习惯。

不要怕失去机会，因为机会随处都在

在事业的发展中，机遇对一个人的成功起着非常重要的作用。几乎所有的成功人士，都善于捕捉机遇。除此之外，他们还对机遇有着敏锐的嗅觉和判断能力。当别人对机遇的到来还无知无觉时，他们总能捷足先登，适时地抢占先机。当然，他们也就自然地赢得了机遇。无可厚非，机遇总会垂青那些有准备的人。

为什么总有人能抓住机会，也总有人在与机会不断“错过”呢？因为有的人老是害怕失去机会，而另一些人总是在不断地创造机会。

2008年6月27日，比尔·盖茨正式退休，放弃了微软公司的一切管理事务，结束了叱咤风云的商业生涯。但是他创造的商业传奇将使他的名字永载史册，他已经成为所有对财富与事业充满梦想的人仰视、崇拜的偶像。

他之所以成为蝉联世界首富13年的传奇人物，是因为他坚守了软件工业将改变人们的生活习惯，成为人们生活必需品的信念。早在20世纪70年代初期，盖茨就写了一封震惊了计算机界的信——《致爱好者的公开信》，信中称计算机软件将会是一个巨大的商业市场，计算机爱好者们不应该在没有获得原作者同意的情况下随意复制电脑程序。在19岁从哈佛大学退学时，他也说过这样一句话："我意识到软件时代到来了，并且对于芯片的长期潜能我有足够的洞察力，这意味着什么？我现在不去抓住机会反而去完成我的哈佛学业，软件工业绝对不会原地踏步等着我。"

这种信念是强大的，因为所有人都知道进入哈佛并从哈佛毕业意味着房子的一半已经搬进了美国富人区。而放弃这个远大的前程理由只有一个，那就是发现了一个更为远大的前程。如今全世界的人都见证了他的成功。

我们都钦佩他的远见和智慧。

当然，发现机遇、把握机会的例子并不少，我们再看看接下来的故事。

乔治是美国格道牙刷公司的职员。一天早上，他从睡梦中惊醒时已经快8点了。他急忙从床上跳起来，冲进卫生间，匆匆忙忙洗脸刷牙。公司制度很严，迟到是不允许的。由于心急，他的牙龈被刷出血来了。他气得将牙刷扔在马桶里，擦了把脸，便冲出了门。

到了公司门口，他看看表，离上班还有几分钟，不禁松了一口气。这时，他感到嘴里有一股咸味，吐出来，原来是一口血。看来他刚才被那把牙刷伤得不轻。他心里不由得升起一股怨气：牙龈被刷出血的情况，已经发生过许多次了，并非每次都是他不小心，而是牙刷本身的质量存在问题。如果他用的是其他厂家生产的牙刷，还可以投诉，出出心头之气。偏偏他用的是自己公司的产品，总不能跟自己的饭碗作对吧！真不知道技术部的人每天都在干什么，为什么不能研制出不伤牙龈的牙刷呢？他气冲冲地向技术部走去，准备向有关人员发一通牢骚。

乔治正要跨进技术部，忽然想起在管理培训课上学到的一条训诫："当你有不满情绪时，要认识到正有无穷无尽新的天地等待你去开发。"他的头脑顿时冷静下来，暂时压下牙龈出血事件带来的不满情绪。他想，技术部的人也使用本公司生产的牙刷，肯定也遇到过牙龈出血的问题，为什么不加以解决呢？肯定是因为暂时找不到解决办法。另外，他还听其他人抱怨过牙龈出血的问题，他们用的并不都是本公司的牙刷。可见这是一个牙刷厂家普遍遇到的技术难题。如果能解决它，情况会怎么样？这也许是一个发挥自己才能的好机会呢！于是，他打消了去技术部发牢骚的念头，掉头走了。

从这以后，乔治和几位要好的同事一起着手研究解决牙刷导致牙龈出血的办法，他们提出了改变牙刷的造型、质地及刷毛的排列方式等多种方案，结果都不理想。有一天，乔治将牙刷放在显微镜下观察，发现刷毛的顶端都呈锐利的直角。这是机器切割造成的，无疑也是导致牙龈出血的根本原因。

找到了原因，解决起来就容易多了。改进后的格道牌牙刷在市场上一枝独秀。作为公司的功臣，乔治从普通职员晋升为科长。十几年后，他成为这家公司的董事长。

看了上面的两个故事，你是否有了新的启发。没错，不要怕成功离我们太远，因为机会随处都在，就看我们是否能够发现并牢牢把握住。为此，我们应该做到以下几点：

（1）要开阔眼界，不要把目光局限在自己的事情上，要通过各种途径去关心这个世界，了解社会的走向及人们的需求。

（2）要相信这个社会每天都在发生变化，人们的需求也在发生变化，不要再抱怨好时代已经过去。既然有过去，那必然有现在和未来，只要用心观察，就会发现新的机会。

（3）要注意把握机会，如果坚信有希望就去做，不要因为现在已有的机会而放弃成就大事业的机会，更不要去问别人。因为所有的机会稍纵即逝，只有在少数人觉得有希望的时候，它才能为你带来财富。

（4）不要因为眼红他人的成功而盲目跟风。一个项目如果有一大批人去做，除非你有强大的实力，否则你只是大海里的一条小鱼，不是被吞食就是被饿死。

做事一定要动脑筋

看到富人的名车豪宅，自己依然落魄，一些人难免会非常绝望地想：为什么我那么努力，却没有得到应有的回报，依然为生活发愁？难道“爱拼才会赢”是骗人的鬼话？“爱拼才会赢”，当然没错，但是如果觉得爱拼一定赢就错了。不拼搏一定不会成功，但是拼搏了不一定就会成功，盲目的付出甚至会带来更大的失败。一个只会用蛮力拼搏的人不可能成为富人。

穷人们开始的时候总是凭着一腔热血，不做思考，盲目地付出。遇到困难后，不是退缩就是硬碰硬，不用智慧去思考该怎样解决问题，而是选择用蛮力去做事。有些人你总是看见他为一件事情忙忙碌碌却不见忙碌的结果，在为别人工作时如此，在为自己的事业打拼的时候同样如此。所以当你付出了却没有获得回报的时候，应该认真审视一下自己是不是在用蛮力做事，而没有用脑袋做事。

真正的富人会思考、思考、再思考，当困难来临时，他们会想办法去解决，他们一定会找到最有效的解决办法。一个现代的富人碰上愚公移山的问题，他一定不会动员全家老小用大锤和榔头夜以继日地敲敲打打几十年，而是会买来炸药，请上专业的爆破人员，几天内把山炸平。富人重视动手，更重视动脑。

2008年，美特斯邦威成功上市，周成建从负债20万元的“负翁”变成了坐拥20亿的富翁，从一个不为人知的练摊个体户变成了拥有著名品牌的“衣王”“世界裁缝”。

如果说从什么脏活累活都干，负债20万元来到温州谋生的20岁小伙子到有了自己的小服装店，每天工作16个小时的小店主，再到一年收入几百万元的百万富翁，凭借的是他的吃苦耐劳、细心观察及当时社会机遇的话，那么能够拥有自己的服装品牌和20亿身价，则更多的是凭借他的思考与智慧。

他打算创立自己的品牌时，遇到了大多数创业者都头痛的资金问题。通过积极的思考，他打造了中国第一个“虚拟经营”模式，创立了最受年轻人追捧的中国休闲服装品牌。这些创造让他成为中国服装界最具开拓精神和最有经济头脑的人物之一。

他的“虚拟经营”模式最初备受争议。人们认为他在做一个皮包公司，然而他用成功证明了这种模式的正确性。

周成建在市场考察后发现国内的企业大多都在生产西装，在休闲服饰方面根本就没有品牌的概念，而且品质和款式都不好，大家只是在比谁的价格低。而国外的休闲服装品牌刚刚进入中国市场，并且没有本土化，价格和款式都与中国的国情不符。于是他就想创立一个自己的品牌。但是几百万元的资金根本不够运作一个品牌，他初步算了一下，至少需要3亿元的资金保证。

怎么办？他不想放弃。在学习国外企业的成功经验时，他发现有的企业运用“借力打力”的运营模式。所谓借力打力就是集中社会上的资源为自己的公司运作出钱出力，然后实现大家共赢。

他开始在中国市场上寻求这样的机会。终于，他发现在广州、江苏等地有很多拥有一流生产线的工厂，因为没有订单而陷入半停产状态。于是他就与这些企业协商，让他们生产标有美特斯邦威商标的服装。有250多家企业为美特斯邦威代加工成衣，年生产能力达到2000万套以上。他就用这种方法解决了需要投资几亿元才能建立的生产线。而在销售上，他又通过加盟的方式，在全国各地开设了1500多家专卖店。

品牌创立后，怎样推广品牌成了周成建面临的新问题。在没有创立品牌的时候，周成建就显示了非凡的推广智慧。他在做小作坊的时候就曾经掏出800元钱在当地媒体上打了个小广告，称“我给出成本价，你随便加点钱衣服就拿走”，此举在温州引起了很大的轰动。美特斯邦威创立后，推广变得更加迫切，他选择了当时国内不多见的明星代言，而且他还花重金请来了郭富城，令美特斯邦威迅速在人们心中建立了一线品牌的形象，之后的周杰伦代言则是为了建立美特斯邦威的个性。周成建在品牌推广上的创新，让美特斯邦威成了年轻人追捧的对象，让美特斯邦威成了“不走寻常路”的个性宣言代表。

周成建没有和温州妙果寺服装市场的其他商家一样，用苦苦的价格战获得财富，而是调动智慧的力量，选择了品牌创立之路。在遇到资金问题时，他也没有不顾自身的能力，负债投资，而是仔细观察市场，认真思考，最终找到了四两拨千斤的省力之法。

在创造财富的道路上，我们总会遇到这样或那样的选择和困难。面对这些问题的时候，勇气和勤奋是必要的，如果只是一味地付出和拼搏，凭借一股蛮力，不是事倍功半就是功亏一篑。

周成建在激烈的市场竞争中脱颖而出，不在于他的威猛，而在于他的冷静思考和智慧，善于用脑袋去发现市场的空白，善于运用和调动外在的资源和力量。

人类之所以能够成为地球上最强大的生物，不是因为人类的力量比大象、老虎强大，而是因为人类的脑袋比它们聪明，人类比它们更懂得运用智慧。

某大学门口同时开了 A、B 两家餐厅。A 餐厅三个月就倒闭了，B 餐厅却门庭若市，这到底是怎么回事呢？

简单介绍一下，这两家餐厅都位于大马路上，附近是大学校区，还有一些办公大楼，按理来说人流量充足。

A 是一家墨西哥餐厅，提供 400 元左右的中高价位餐点，附近的墨西哥餐厅不多，老板很自豪自家餐饮有墨西哥特色，一定能吸引想尝鲜的人。但是他忽略了，这附近学生多，学生怎么能负担得起 400 元的墨西哥餐呢？因此，这家墨西哥餐厅经营三个月之后，就关门大吉了。

B 只是一个简单的店面，卖卤肉饭和粉面小吃，还有一个台子放自助餐点，有多种青菜和狮子头、鲜鱼等，每次人们点卤肉饭，再加点青菜，配个汤，花不到 20 元就能吃到营养丰盛又能吃饱的午餐，所以每到吃午饭的时候，大家总会选择这家餐厅。可见，B 之所以能够成功就在于它掌握了这附近人们的饮食需求。

是的，这附近的消费者学生占七成，工薪阶层的上班族占两成，还有不到一成是较高阶层的金领，针对这样的消费结构，店家推出平价、快速又方便的餐点，让学生、上班族和办公人士能很快吃到方便又营养丰富的餐点，这样，这家店当然总是门庭若市了。

很多人都有系统的概念，但是有些人的系统会自动运转，有些人的则不会，原因何在？如果我们把系统比喻为车子，需求就是引擎，是让车子跑得快的关键。我们还是以A、B餐厅为例来说，A的系统只有车壳，它用资金推着系统往前走，但资金、体力总有用完的一天，用完了车子就动不了了。B则了解餐厅（或系统）运作需要动力，消费者的需求就是引擎，有了引擎才能提供动力。

所以，如果你想开店，那么，开店前，你需要掌握的第一个细节，就是每天观察附近的人口结构以及人们有什么需求，针对需求提供服务，车子自然会跑，生意源源不绝。当你提供的服务是满足消费者需求，消费者自然而然会要求你继续提供服务，这成为一个良性循环，让你的系统自行运转，这样财富才会源源不断地流入你的口袋中。

那么我们应该如何“用脑袋”做事呢？具体操作如下：

（1）为每一个问题找到最佳解决方案。奋勇拼搏不等于鲁莽莽撞，相信任何一个问题都有一个最佳的解决办法。

（2）遇事不要恐慌、暴躁，不要急于出手，而是要冷静思考，注意观察分析。

（3）当不知道怎么办的时候，就暂停脚步。

（4）平时要注意积累，任何智慧都不是一天就能有的，而是在经历漫长的观察、分析、思考后，突然萌发的。如果平时不注意积累，幻想着某天只要动脑就有方法，注定你遇到问题的时候，要么选择放弃，要么不得不使用蛮力。

Part 3

究竟怎样才算财务自由？

什么是财务自由？

财务自由现在被很多人提及，它需要1000万还是3000万？是资产还是现金？是看每月的收入还是看银行的存款？在此，我们不妨先不说答案，看看下面的几个案例：

案例一：生活舒适即财务自由吗？

小A生活在一线城市，小C生活在名不见经传的四五线城市。

小A每月收入3万元，小C每月收入5000元。

小A每个月房屋贷款1.2万元，车贷6000元；由于工作忙，一日三餐几乎都要在外面解决，伙食费3500元；大城市所谓的“精神食粮”充足，下班和朋友去逛街、看电影，偶尔去去酒吧，唱唱歌，购置一些奢侈品，平均每月5000元；独居养了一条狗，狗粮、玩具一个月也要花费800元；赶上有朋友、同事结婚、生娃、生日等琐事，一个月支出约1000元；

工作压力大，心情不好时，周末来个短途小旅行，年假来个出国或境内自由行，平均下来一个月也得花1500……忙忙碌碌一个月，不仅没攒下钱，有时不小心花多了，还要靠信用卡补空。

小C住在自己从小长大的城市，10年前家里就购置了一套本地房产，所以房贷房租都没有；车贷？不存在的，走路就上班了，不过他也有考虑贷款买辆车，不用太好，月供2000应该能解决问题；城市小，娱乐活动就少，除了下班后和朋友们吃吃烤串，似乎也没什么更好的娱乐，KTV早就去够了，吃吃喝喝姑且每月算1000元；家里没有宠物，这项花销也省了；结婚生子等随份子的事儿倒是在所难免，一个月也要花出约1000元；旅行是常有的事，不过大多是和朋友们开车去附近的城市旅行，平均一个月差不多800元……这么算的话，好像挣多少花多少，有时候可能也需要靠信用卡。

两相对比我们不难看出，小A和小C一个挣得多花得多，一个挣得少花得少，但是生活、娱乐、人情世故样样不落，完全达到了我们所说的“过得舒服”。

但两个人有谁达到财务自由了吗？显然都没有。如果硬要说，他们只能算是“工资支配自由”“基础享受自由”。

或许你会说，小A不是有房产吗？大城市的房产值钱啊！但我们也要看到，在小A还完房贷出售房产之前，这个“巨大”的固定资产除了充当每月吸血的炫耀资本之外，完全不能提升小A的生活品质，不仅没有让小A实现财务自由，反而把他往月光族的方向推了一把。小C就更不必说了，小城市虽然可供享受的地方少，但仍然不影响他滋润地活着，可要想攒下钱，也着实困难。

可见，生活舒适绝不等于财务自由。

案例二：一夜暴富能让我们实现财务自由吗？

“拆迁”“腾退”，随着社会的发展和建设，一些城市中心地带出现了一批“踩中了时代节拍的富豪”，他们凭借着地理位置优越的老房，不费吹灰之力就得到了一大笔财富。我们常能在网上看到××地区拆迁又给了好几百万，××地方不仅给钱还分房。一时之间，拆迁户成了有钱人的代名词。

但这种资产过剩的超快速财富，能实现财务自由吗？

其实也是不能的。享受到拆迁福利的人，需要付出的是自己的老房子，按目前的情况最多能换到三套房子，往往只能满足自住，最多可以保证出租一套，那么一套房产带来的月入租金几千元，与财务自由真是相差甚远。

当然，我们可以出售房产，将固定资产转为现金。一夜暴富的魔力其实是可怕的，就如同澳门博彩场的周围一定有奢侈品店相伴，它们抓住人们暴富的心理，等待着那种“报复性”的消费。房产一旦变为现金，很多人也会选择先奢侈一把，享受享受，然后再慢慢盘算。试问，这种享受能持续多久呢？又有多少人能够在享受之后及时收手呢？由俭入奢易，由奢入俭难，前人早就给了我们答案。

就算真的在享受之后及时刹车了，仅凭那几百万的房产，够得上财务自由的门槛吗？够呛。

胡润研究院发布《2021 胡润财务自由门槛》，将财务自由门槛分为入门级、中级、高级和国际级四个阶段，并细分到中国一、二、三线三类城市。“胡润财务自由门槛”主要考虑长住房、金融投资和家庭税后年收入。

中国一线城市入门级财务自由门槛 1900 万元，二线城市 1200 万元，三线城市 600 万元。一线城市中级财务自由门槛 6500 万元，二线城市 4100 万元，三线城市 1500 万元。一线城市高级财务自由门槛 1.9 亿元，二线城市 1.2 亿元，三线城市 6900 万元。国际级财务自由门槛 3.5 亿元。

随挣随花有自由没有财富，一夜暴富又难保长久富贵，再看看这惊掉人下巴的数据，看来财务自由这个命题对一般人来说真是难如登天。而本书的目的，就是帮你走出财富困境，避免负债困扰，通过最简单可行的方式，实现财务自由。

实现财务自由，第一步，我们要先知道什么是财务自由，知道我们的目标在哪里。

在财商领域有个比较普遍认可的观念：当你的被动收入现金流，能够覆盖你的日常所有开支的时候，叫作财务自由。所以财务自由不是一个财富绝对值，而是一种现金流状态。

这时可能你会问了，难道就没有一个数值能确切说清楚到底要多少钱才够？得给我数值，好让我有奋斗目标啊。好，如果非要说一个数值，专家给过一个定义：当你的可投资资产大于家庭年支出的 20 倍时，基本上可以算财务自由了。

你去算算，假设一个家庭一年的开支为 20 万元，即 20 万元能够保证一个普通家庭过上相对有品质的生活。那么需要 400 万元的资金，当然这里 400 万元不能有负债，就可以基本实现财务自由，因为只要收益率在 5% 以上，就能用利息，也就是被动收入基本覆盖家庭的支出。但这里其实还要注意两点：一是随着中国进入低利率时代，持续稳健的 5% 以上收益也是不容易获得的；二是通胀因素需要考虑。

另外，在现实情况中，第一，这 400 万元从何而来？第二，如果有了 400 万元，那原先 20 万元的支出就不够，因为每个阶层的生活品质是不一样的。有了 400 万元，一定会相应提高生活品质。所以，财务自由规划不是拥有多少钱，更多的是需要具备筹划和管理财富的能力。

为什么要实现财务自由?

前面我们已经说了，当你的被动收入现金流能够覆盖你的日常所有开支的时候，就可以称得上财务自由。其实也可以换个角度理解，当你无须为生活开销而努力工作的时候，你就已经达到了财务自由。再说得直白点，也就是你再也不用为了满足生活必需而出卖自己的时间了。

从这个定义来看，打工实际上就是把自己的时间出售给你的公司来换取财富。而我们每个人所奋斗的本质，都是让自己出售的时间单价更高。所以从现在开始，我们追求财务自由的道路就变成了我们通过“财富”这个工具来追求“自由”。

很多人听过渔夫和富翁的一段对话，大意是渔夫笑话富翁白努力，因为他已经跟富翁一样，能够每天逍遥地躺在沙滩上晒太阳。

渔夫跟富翁真的一样吗？表面看起来似乎是的，他们同样都可以躺在沙滩上晒太阳。但实际的情况呢？渔夫为了养家糊口，每天都要下海捕鱼，如果鱼捕得少，他的收入少，就会发愁。他的钱除了养家，还要积攒起来，因为他的船过几年就要更新换代，否则无法出海捕鱼维持生计。还有，渔夫的未来怎么办？老了出不了海了呢？靠子女吗？

所以渔夫的清闲只是一种假象，实际危机重重。反观富翁呢，因为以前的努力，他拥有足够多的自由。他既可以下海捕鱼，也可以躺在沙滩上晒太阳。他不怕台风和大雨，也不怕衰老，他可以随时追求自己热爱的事业，他拥有的自由，才是真正的自由。

所以说，在现代经济社会环境下，没有财富的自由，是一种假象自由。为什么我们要追求财务自由，是我们想有时间去做自己真正喜欢和有意义的事情，去追求梦想和实现人生价值，从而达到心灵的丰盈。

如果一定要问个究竟，那么或许以下几句话能帮我们更好地理解财务自由的意义：

（1） 只有实现了财务自由，才可以自由选择生活的城市，才能够给家人更好的生活，能够决定自己的生活方式。

（2）只有实现了财务自由，才能有更多的休闲时间。朝九晚五符合社会发展需求，但绝对不符合人类的本心。相信绝大部分人都不愿意“用青春换生活”，如果可以，我们都希望能够自由自在地走在追梦的路上。

（3）只有实现了财务自由，才会有更多的心理安宁。不会出现由于资金短缺而带来的种种紧张的感觉。

央视曾经有一档节目，采访几位成功的企业家。其中一位说：“在公司规模还只有几十人的时候，我最害怕的就是发工资的那两天。临近发工资的日子，我总在想：账上的钱还够不够？亏空的地方该怎么办？每每如此，我就夜不能寐。”

由此可见，真正的安宁，是拥有对金钱的把控力。当我们建立起一套适合自己的思维逻辑系统，能够将金钱、智慧、经验、人脉等因素综合起来加以利用时，才能真正体会财务自由。

财务自由规划到底是怎么回事？

在绝大部分人的金钱观念里，上学读书，学习专业知识，谋得一份好职业，然后买房买车，娶妻生子，过上幸福生活，这就是财务自由。

这个逻辑没错，但仔细想想，为了一个能睡觉的并不太宽敞的屋子，两口子甚至要搭上父母辛苦一辈子攒下的钱，一边要考虑攒钱还房贷，一边还要抽出精力养孩子，这是图什么呢？更可气的是，等你的孩子长大了，还得按照你的老路再来一遍。我们扪心自问，这真的是幸福生活吗？

回到20世纪90年代，家家户户的经济情况差不太多，大家都干着差不多的工作。也就是说，中国大多数人其实是在这三四十年间才开始富起来的。这就导致，即便是富人，在对钱的规划和理解上也没什么经验可言。所以我们不妨学习一下，那些早就富起来国家的人们对钱的理解和安排。《富爸爸穷爸爸》的作者罗伯特·清崎说过一句话："财务自由是个简单的计划。"有计划不一定成功，但是成功一定要有计划。

在做计划前，首先得有一个概念，就是什么是主动收入和被动收入。主动收入是指需要通过你当下的时间、劳动、精力和知识获得相应报酬，一旦你不付出时间和精力，收入就会中止，你就会面临渔夫的窘境。被动收入就是通过前期努力，建立一个管道或者配置资产，使你在不工作时也依然能够获得一定的收入。

1801 年，意大利中部的小山村住着柏波罗和布鲁诺两个年轻人，他们是最好的朋友。

这天，村里决定雇用他们两个把附近河里的水运到村广场上的水缸里去。两个人都抓起水桶奔向河边。一天结束后，他们把整个镇上的水缸都装满了。村里的长辈按每桶一分钱的酬劳付钱给他们。

布鲁诺大喊着："我简直无法相信我们的好福气。"但柏波罗不是很开心。他的背又酸又痛，提着那重重的水桶的手也起了泡。

"布鲁诺，我有一个计划，"第二天早上，当他们抓起水桶往河边走时，柏波罗说，"一桶才 1 分钱的报酬，还要这样来回提水，干脆我们修一条管道将水从河里引到村里去吧。"

布鲁诺听了却不同意，他大声说："别傻了兄弟，我们一天可以提 100 桶水。一分钱一桶水的话，一天就是 1 元钱！我们已经是富人了！一个星期后，我们就能买新衣服，一个月后我们就能买母牛了，干上一年我们就能盖新房子，这绝对是全镇最好的工作。放弃你的管道吧！"

于是，第三天开始，两个人分道扬镳了。

布鲁诺每天仍旧提着他的 100 桶水，他脚下生风，有时候甚至能提 150 桶。而柏波罗则不然，他将白天的一部分时间用来提桶运水，用另一部分时间以及周末来建造管道。布鲁诺和其他村民开始嘲笑柏波罗，称他"管道人柏波罗"。布鲁诺赚到了比柏波罗多一倍的钱，每天炫耀他新买的东西。他买了一匹马，配上全新的皮鞍，拴在他新盖的两层楼旁。

但柏波罗不为所动，他不断地提醒自己，明天梦想的实现就是建立在今天的牺牲上面的。一天一天过去了，他继续挖，尽管每次只有一英寸。

就这样，一晃就是五年。柏波罗的好日子终于来到了——管道完工了！村民们簇拥着来看水从管道中流入水槽里！现在村子源源不断地有新鲜水供应了，附近其他村子的人也都搬到这个村来，村子顿时繁荣起来。

管道一完工，柏波罗便不用再提水了。无论他是否工作，水都能源源不断地流入。他吃饭时，水在流入；他睡觉时，水在流入。当他周末去玩时，水在流入水槽。流入村子的水越多，流入柏波罗口袋的钱也越多。

管道人柏波罗的名气大了，人们称他为奇迹制造者，而管道使提水人布鲁诺失去了工作，他只能眼看着老朋友挣钱了。

看过这个故事，我们再反思一下自己。你是不是只有到公司把工作干了才有收入？你觉得自己像不像提水人布鲁诺？当然你也可以只做一次工作，就能一次又一次地得到回报，就像管道建造者柏波罗一样。

提水人布鲁诺错了吗？他没错，只是他没想到更聪明的赚钱办法，而是和绝大多数人一样，掉入了用时间换金钱的陷阱。

干多少，拿多少，一小时的工作换一小时的报酬，一年的工作换一年的报酬……可当你停下时，收入也停止了。提水人的潜在危险在于，收入是暂时的而不是持续的，如果布鲁诺某天早上醒来发现自己背部扭伤，起不了床，那一天他可以赚多少钱？零！是啊，这是主动收入，你不主动，哪儿来的收入？

但管道建造者不一样，当你玩时，管道在给你赚钱，当你休息时，管道还在替你赚钱。没错，管道收入是一种持续性的“世袭”收入——不管你是否继续付出时间，都持续有收入，这就是被动收入。

那么财商智慧的核心就是通过学习，慢慢将主动收入转化为被动收入。

目前网络上有很多关于财商培训的课程，帮助我们学习相关知识和理念，这些都非常好。但有很多人发现，听了很多课，去证券公司开了户，最后发现还是成了“韭菜”。所以我们一直在想，财务自由的奥秘到底在哪里？是财商吗？是理财知识吗？这些重不重要，重要，这是底层的一些逻辑和概念，算是扫盲，但是想真正实现财务自由，还需要有一份能落地执行、适合你自己的财务自由规划，谁来做，只能是每个人自己来做，这个事谁也替代不了，就如同健身，你没办法寄希望于别人来锻炼自己的身体。但是很多人对这个规划一脸蒙，到底应该从何处着手，这就是我们写这本书的目的，我们会给出非常翔实的方法论和路径，只要你按照提示和规划去践行，就能够少走很多弯路，大大提高财务自由的可能性了。

所以在本书中，我们不会给你讲解股票的K线、市盈率等等，而是教你如何围绕你的现实处境和基础，设计和制订属于你自己的，能够落地执行的财务自由计划。包括怎样开始提高自己的主动收入、如何尝试副业或者创业、小企业主如何提高收入、怎样进行风险规划和债务规划、有一定收入之后怎样分配、资金积累到一定程度后做哪些资产配置，围绕以上几个方面，引导你做一份翔实的规划。

赚钱的四个象限

罗伯特·清崎在《富爸爸财务自由之路》中提到的全世界合理合法的四种挣钱方式：ESBI。请你观察一下身边的职场人士，都可以用这四个象限做归纳。

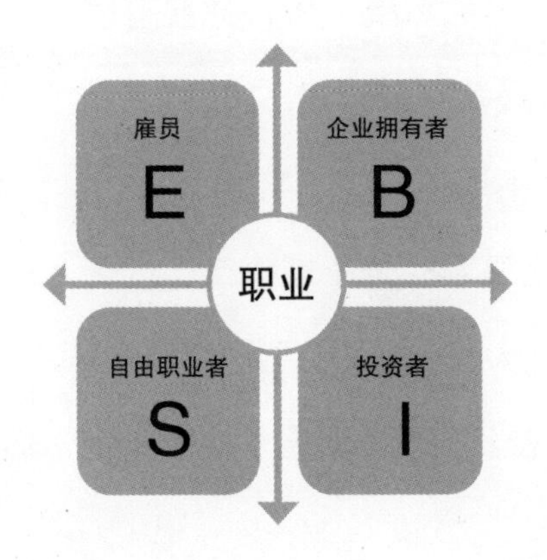

E：employee（雇员）。这是最普遍的一类人，我们身边的大部分人一开始都属于这一类。即有一份工作（稳定或不稳定均可），为某个公司或者系统付出劳动，获得相应报酬，统称为雇员。

比如，当我们成为一家公司的白领、蓝领，甚至金领，再或者是做保安、保洁，无论做什么，凡是需要公司给开工资的，依靠公司生活的，都在这个象限。当然，我们不用灰心，因为95%的人都是从这个象限开始的，绝大多数人都是从打工开始接触社会，进入社会，所以在这个象限的你不用着急。

S：self-employed（**自由职业者**）。就是自己为自己工作，这份工作属于你自己，自己做小老板，用自己的钱投资，再加上自己的时间和精力，然后赚钱。这相当于自己给自己找了一份工作，自己给自己打工，但并不雇佣或者极少雇佣其他人。

比如，你经营了一家花店，再或者是做自由撰稿人。那么花店今天开门，你就有收入，今天你写稿子了，你就有收入，反之收入则为零。在这个象限的人往往有很多空余时间，如果你在这个象限，那么恭喜你，你离财务自由其实已经不远了。

当然，不管你是给别人打工还是给自己打工，只要你是在这两个象限的，你的收入都叫“劳动性收入”。“劳动性收入”的特质就是有做有赚，没做就没赚。也就是说当你退休了干不动的时候，你的收入就停止了，只有社会保障体系给你。

B：Business Owner（**企业拥有者**）。创建一个公司或者系统，通过系统为你工作，形成比较好的经济回报。当然，前期你肯定要比当雇员的时候更努力工作，但是慢慢地你可以将操作进行系统化复制，直至拥有或部分拥有这个系统，并让这个系统为你工作，然后不需要再投入时间便可以源源不断地得到金钱。

比如，华为的创立者、微软的创立者、阿里的创立者等，这些大大小小的能为很多人提供就业岗位的企业家，基本都属于这个象限。在这个象限的人，一般来说都已经实现了财务自由。有很多人对S象限的小老板和B象限的大老板概念不清，其实很简单。抛开企业规模不说，当一个领导者离开自己的岗位半年，公司就停滞甚至倒闭的，基本属于S象限；而当一个领导者离开自己的岗位半年，公司仍旧正常运转，甚至运营得更好的，就是B象限。

I：investor（投资者）。他们不必不断付出时间去工作，因为钱为他们工作。这原本是有钱人的游戏和挣钱方式。就是投资到某个系统、项目、房产或者股票、基金、保险等金融资产，用钱赚钱。虽说“I”象限是有钱人的游戏场，但是，不管是在哪个象限中挣钱，如果你希望有一天变得不为钱发愁，那么你最终都要进入“I”象限，因为只有在“I”象限，你的收入才真正是被动收入。

比如，风投公司的股东们，公司股票的大份额持有者等，他们都在这个象限。这是我们的最终目标，并且本书的目的就是指引大家通过各种努力，最终进入到这个象限。

B和I象限人的特点是，他们拥有非劳动性收入，非劳动性收入是指劳动收入以外的通过其他途径获得的各种收入。主要包括财产性收入、经营性收入、转移性收入和知识产权收入等。非劳动性收入不是不劳而获，而是奖励以前的付出。

可以简单总结为：“E”象限的人为系统工作，“S”象限的人本身是一个小系统，“B”象限的人拥有或者控制着一个系统，“I”象限的人投资于一个系统。

你可能会问了，那些高收入的明星属于哪一类？明星在出道的时候，肯定属于E类，拿相应劳动应得的片酬，一开始片酬低，随着演技和名气提升，慢慢拿高片酬。名气越来越大并拥有一定资源后，他们一般会合伙成立相应的传媒或者文化影视公司，开始向B或者I类转型，比如2021年特别火的电影《你好，李焕英》的导演贾玲。还有现在的各种加盟连锁店、餐饮店、美容店、修脚店的老板，一开始都是店员，再到店长、区域经理、城市经理等，都是一个道理。现在的企业，对员工的管理激励也不仅限于职位和奖金的提升，还需要给员工变成合伙人的机会，这样人才方能留得住，不会变成竞争对手。

小C毕业后去了一家互联网公司，从事我们所谓的“头秃”高风险行业——程序员。超高的工作量与压力让他每天都早出晚归，忙忙碌碌，遇到程序测试更是干脆住在公司。几年下来，小C攒了200多万，在北京付了首付买了房子，因为通勤地铁更方便，所以暂时还没有买车的打算。

一年年过去，小C有点着急起来，工作太忙实在没时间谈恋爱，偶有人介绍的女朋友也因为他太忙而不了了之了。如今年过三十，虽然工作经验丰富但精力明显不如刚毕业的大学生，也开始有了职业危机，更可怕的是，头发真的越来越少了，照这样下去，别说什么财务自由了，他就要剩下了。

每次和老乡聚会时，他都大吐苦水——媳妇没找到，还有了职业危机，想辞职去闯一番事业，但多年来除了写程序啥也没学会，工作要是没了，房贷也没着落……一切好像都进入了恶性循环。

小C怎么也想不明白，明明自己收入还可以，怎么日子就是过不好呢?

不知道你身边有没有这样的人，他们努力工作、学习，早出晚归，但到头来还是在为生活发愁。所以，想实现财务自由，一定要想办法进入B或者I象限。B象限，你可能会说了，不是每个人都有能力成立一家公司，但你首先要往这个方向努力，抓住机会勇于尝试，万一成功了呢?其实I象限投资也是可以通过学习和训练掌握的。

投资就是投入资金、精力到某个项目中，它可以是基金、股票、保险，也可以是房产、店铺等不动产，以钱赚钱。但是必须具备两个前提条件：第一，你必须有相对多的可投资资金；第二，你除了有钱还必须知道怎么运作这些资金。

实现财务自由的三个阶段和两大路径

任何事情都不是一蹴而就的，财务自由更是需要不断的成长与积累。本节中，我们首先讲实现财务自由的三个重要阶段。

第一阶段：意识觉醒

顾名思义，意识觉醒就是我们对于财富认识的觉醒、对于财富管理的觉醒及对于财富使用和分配的觉醒。据有关调研显示：美国维持家庭开支 80% 是靠理财，而在国内这个数据还不到 40%。

在意识觉醒阶段，我们首先要做的就是明确自己需要在财富问题上有一个新的进步、一个新的进展，让家庭可以在安稳的状态下实现财富稳步上升。所以这个阶段的主要工作是为家庭主要财富贡献者购买保险，这里首推安全和重大疾病险。

小 A 从小就是“别人家的小孩”，学习好，长得好，大学毕业就留在了北京。几年下来，凭借努力挣够了首付，成功在北京有了自己的家。虽然房贷压力不小，但这种辛苦往往是幸福的。

谁知，在小 A 28 岁那年，突然有一天她感觉头晕目眩，晕倒在家中。虽然人救过来了，但急性肾炎的后遗症非同小可，小 A 的身体也因为过度激素注射变得十分臃肿。

这一病，让小 A 直接丢了工作，父母虽然来北京照顾她，可是积蓄并不多的一家人很快就被房贷压得喘不过气，只好先卖掉房子再做打算。

小 A 后悔极了，为什么当初只想着给父母买健康险，却没给自己买一份呢？

第二阶段：获得第一桶金

经历了第一阶段后，我们基本都有了生活上的保证，同时开始考虑赚钱和理财了。一般人在这个阶段会有一个错误的想法：小富即安。很多人买房以后，觉得自己又有五险一金，也买了商业保险，小额的投资收益又不是很可观，甚至每个月定投的钱会让自己过得紧巴巴的，还不如跟朋友吃吃喝喝、旅游放松自己呢。殊不知，正是这样贪图安逸的想法让自己离财务自由越来越远。

小 B 毕业后可谓是顺风顺水，工作不错，爱情甜蜜，父母健康，安稳地直奔小康。结婚后，两个人的工资加起来有 5 万元，除了房贷和固定开销，每个月剩下 2 万元不成问题。妻子本来建议至少存 1 万元以备不时之需，可小 B 觉得，每个月区区 1 万元其实什么也干不了，还不如和朋友们多聚聚，两个人多出去走走呢。

所以直到小 B 30 岁了，他和妻子的存款还不足 10 万元。

当你不需要再为温饱奔波，同时又有了商业保险的时候，我们需要做的就是学会储蓄。而且要为自己设立不同的储蓄目标：

目标 1：储蓄 6 个月的生活费。

你每个月开支 5000 元，那么就需要储蓄 5000×6=30 000 元。这部分储蓄是一个应急费用，一旦你突然失去工作或因为突发情况变得没有收入，这部分钱就要顶上，保证你财务的正常运转。如果用不到，这笔钱可以暂时放在可以随时取用的理财产品中，一般来说，这种理财产品的利率是 2.2% 左右，还是高出储蓄利率的。

目标 2：储蓄 18 个月的生活费。

你每个月开支 5000 元，那么就需要储蓄 5000×18=90 000 元。从这一阶段开始，这笔钱就几乎在找到投资项目（非投资理财）之前不再动用了。当你攒够或在陆续攒的时候，可以用这笔钱做一些低风险的投资，例如基金定投。

目标 3：储蓄 36 个月的生活费。

你每个月开支 5000 元，那么就需要储蓄 5000×36=180 000。当你攒够这笔钱的时候，相信你已经有了一定的储蓄习惯，那么恭喜你，这个习惯将帮你更快地实现财务自由。我们此时可以用这笔钱做投资组合，比如：基金＋股票＋债券，获取一定的收益。

第三阶段：建立投资系统

我们常听到一句话："投资有风险，入市需谨慎。"其实，任何想要得到回报的行为都存在亏损的风险，所以我们要确保自己买的产品、做的组合符合自己对收益和风险的要求，不要一心求快，过度拔高。

如果你找到了一个很满意的投资组合，并且这个组合已经在近几年里给你带来了每年 10% 左右的收入，那么最重要的方法就是长期持有，赚取长期收益，切记频繁交易，那样不仅会付出额外的费用和成本，还会错过一些重要的市场时机。

如果你发现投资的产品完全和自己想要的结果不匹配，那么也不要拖沓，就算有点亏损，也应该做到干净利落地早点放弃。很多人都想，这只股票虽然现在太差了，可是万一涨回来呢，我还是等涨回来再卖吧。结果一等五六年，股票都退市了，钱也赔光了，要是能早点抽身做其他投资，还是有机会赚回来的。

说完了实现财务自由的三个阶段，接下来我们来看看实现财务自由的两大路径。

在这里，我们先明确一下资产的概念。一切可以以货币计量的东西都是资产，比如房子、车子、电视、手机等。资产的内涵是现金流。钱在你手里不是一成不变的，它是有进有出的，你今天挣了 100 元，花了 50 元，现金就向你流动了 50 元。根据资产产生现金流的不同，可以把资产分为两类。第一类是“生钱资产”，就是能持续给你带来现金流的东西。有了生钱资产，你就可以躺着赚钱了。比如股票、基金等投资品，租金合适的房产等。第二类是“耗钱资产”，是能持续给你带来净现金流出的东西，有了耗钱资产，你就算躺着没有主动花钱，这些耗钱资产还在帮你花钱。比如私家车、自住房都是耗钱资产，私家车有车险和保养费用等源源不断的支出，自住房就算没有房贷，物业费等也是支出。

所以我们就了解了，实现财务自由就要向“生钱资产”靠拢。主要有两条路径：

第一条：购买“生钱资产”。

第二条：创造“生钱资产”。

当我们想购买“生钱资产”时，我们需要有一笔钱，或者收入水平较高，且我们还具备与这项资产匹配的技能。一般来说这个模式是这样形成的：

努力工作 → 提高工作技能 → 升职加薪 → 积累存款 → 学习买“生钱资产”的技能 → 买“生钱资产”（主要是符合条件的股票和房子）→ 用“生钱资产”生钱 →“生钱资产”生的钱大于生活支出 → 实现财务自由。

这条路看起来十分简单，但需要相对长的时间。如果你不是那么着急，完全可以通过购买“生钱资产”的方式来实现财务自由。

当我们想创造“生钱资产”时，其实就更加简单了。只需要你吃苦耐劳即可。一般来说这个模式是这样形成的：

努力工作 → 提高工作技能 → 学习创业技能 → 创造“生钱资产”（主要是开公司或经营小门店）→ 产生现金流 → 完善企业系统 → 公司给你带来更强大的现金流（你实现财务自由）→ 开启购买“生钱资产”模式。

有人总结过，实现财务自由的三大核心工具是企业、股票和房地产，要知道，世界上的大多数有钱人，他们主要的“生钱资产”几乎都是企业、股票和房地产。所以，对想要实现财务自由的我们来说，往这几个方向努力就够了。

工薪阶层真有实现财务自由的可能吗？

有一句话说得很好，唯有预见，方能遇见。按照这样的路径去走，才会有实现的可能，而且不光收获财富，还能增长见识。以前在学校读书的时候，我们可能觉得财务自由离自己很遥远，但慢慢步入社会，见得多了，机会多了，就会发现其实财务自由的大门是可以为自己打开的。

在讲如何实现财务自由的时候，我们先来看几个误区。

误区一：挣得多就能实现财务自由

上班族小 S，从普通白领升职到高管后，月收入已经达到了 80 000 元，妥妥的高薪阶层。回想刚毕业时，月薪 2000 元，钱根本不够花，她很羡慕那些月薪 30 000 元的中层管理，想到如果有一天自己能混到那个程度，也就知足了。

随着自己职场经验、工作技能的提升，她也终于升职到高管，年入百万，但她还是叫苦不迭，为什么呢？钱还是不够花。

随着收入的增加，消费水平也水涨船高，原本 100、200 元的化妆品早就升级成 3000、4000 元的高档货；200、300 元的 T 恤也早就满足不了需求了，每天出门需要穿 2000 元以上的高级定制套装；以前和朋友聚会，海底捞几个人就吃得挺高兴，现在不去人均 1000 元以上的日料店好像就是消费降级了；以前过生日，男朋友送束花，吃个必胜客就很开心了，现在呢，起码 50 000 元以上的级别。整体算下来，挣的是不少，可净资产也没剩下多少……

这就是工薪阶层的旋涡陷阱。就像《富爸爸穷爸爸》中说的那样，这个陷阱就像是把老鼠放在一个环形笼子里，任它再怎么努力地跑，还是在圈子内无法脱身。

误区二：多存钱就能实现财务自由

勤俭持家，是许多“60 后”“70 后”一直秉持的过日子方式。的确，我们都在提倡勤俭节约，但勤俭节约和强制性存钱却把许多踏踏实实过日子的人骗入了 P2P 的陷阱。

前几年，互联网金融发展得如火如荼，填补了传统金融行业中的空白领域，P2P 等理财概念更是“飞入寻常百姓家”。但随着“野蛮生长”而来的就是行业不规范造成的“爆雷”。从 2017 年起，不断传出大型金融公司破产清算的坏消息，而受害人最多的群体，竟然是本本分分的手里有点闲钱的爱存钱人士。这部分人，手头有些闲钱，又不满足于银行利息缓慢的增长速度，于是轻易相信了金融公司投资少、回报高的骗局，以为自己从此以后就可以高枕无忧踏踏实实数钱了，其结果却是被骗去了多年的积蓄，苦不堪言。

或许你会说，被 P2P 骗了的只是一部分人，还有很多人忍住了没投，钱放在银行还吃着利息呢！那很荣幸地告诉你，钱在银行不但不会多，反而会因为跑不赢通货膨胀而不断缩水。

其实我们都明白这个道理，十年前的100元，要比今天的100元“值钱”，这是因为通货膨胀的原因，钱变得越来越不值钱了。

第二套人民币最小的面值是1分，最大的面值是10元；而到第四套人民币时，最小的面值是1毛，最大的面值是100元；到第五套人民币时，最大的面值还是100元，但是1毛和5毛已经都是硬币了。按照今天的利率，如果把1万元存进银行，一年下来大概有150元的利息，但是相对于真实的购买力，却早已经贬值了两三百块。

看来，单纯依靠收入高和攒钱，并不能帮我们普通人实现财务自由，那我们应该怎么做呢？

小E 40岁出头，刚从一家房地产公司辞职，但他非常从容，没有将就找工作，而是能够选择自己喜欢的领域和事业再出发。为什么？因为他在之前的工作和投资中，已经有了一些积累，现在开支也不大，已经基本实现财务自由了。

小E是2005年大学毕业来的北京，因为买卖了一套房子赚到了第一个100万，后来就持续将钱和精力投入到一个个小项目中。他把钱分为几部分：一部分用来做银行的稳定理财产品，挣得的利息保证每月孩子的开销；一部分用来投资做生意，他卖过湖北的鸡蛋、开过小店、合伙开亲子运动馆等，每个小项目都给他积累了经验，并且挣的钱可以用来支付家庭的开销，到现在他有两三个项目已经形成稳定的现金流；另外的一小部分，他拿出来和朋友、客户吃吃喝喝，做“活动经费”，这样既增进感情，又能在聚会中聊出新的合作商机。

由此可见，学会挣钱＋积累经验＋攒钱的同时，做投资＋抓住新机会，这多方面因素成就了一个人从普通到财务自由的路。

还有一个现象很有趣，一些大城市的白领，有孩子以后因为初为父母，不懂得照顾婴儿，都会请一个月嫂，北京月嫂现在的月收入大概在1.2万元以上。而一般这样的月嫂因为吃住都在客户家，不需要花钱，平常也都很节省，所以她们的钱一般都存下来了，很多月嫂的账户里都趴着几十万，他们会补贴老家的孩子买房娶媳妇等。那些请月嫂的白领很有可能账户里可支配的钱还没有月嫂多。所以财务自由这个事，虽然和我们的净收入有关系，但不是绝对有关系。只要掌握科学的方法，有一套适合自己的规划系统，我们是能够实现财务自由的。

测试：你是否有财务自由的潜质？

（1）你愿意在提升自己的工作技能方面花钱吗？

A. 我可能会在能力范围内投资自己，需要留一部分资金做自己想做的其他投资

B. 我不愿意，那都是看不见摸不到的

解读：

A. 富人思维　　　　B. 穷人思维

穷人一般都很不在意自身投资。其实，对自己的投资才是最实惠的，无论是衣着装扮的外部投资还是增长知识、见识的内部投资，都是你提升自我价值的直接体现。

（2）失业的时候，你愿意找一份薪水低一些的工作过渡吗？

A. 我愿意，我需要生活

B. 我不愿意，我觉得每份工作都要深思熟虑

解读：

A. 穷人思维　　　　B. 富人思维

突然的失业可能会让你的生活陷入困顿，但每一份工作都消耗着我

们最宝贵的成本——时间，我们应该认真对待工作，找到最适合自己的，才能让自己发展得更快。

（3）你觉得自己经常处于为钱所困的状态吗？

A. 是的，我总是缺钱花

B. 我很有规划，每笔花销都有计划

解读：

A. 穷人思维　　　　　　B. 富人思维

计划是几乎所有富人都会做的事。永远不要为了每个月的柴米油盐发愁，这是我们摆脱贫穷的第一步。如果你的收入很不稳定，那就请在有钱的时候放弃那些不必要的花销，把日常开销留出来。

Part 4
对财富的认识

资产和负债

在我们日常生活中，尤其是有了朋友圈以后，你会见到很多有钱人。比如某人开着保时捷的车或者晒着一排爱马仕的包，还不是直接拍，刻意用一种凡尔赛的方式，露出一个小角，让你去找亮点。你找着以后会认为，这是有钱人啊。嗯，这没有错，因为毕竟他当下有购买这些昂贵物品的实力。

在财富上他现在已经领先你一步了，但是不用着急，人生最有意思的地方是它是一场马拉松，一切都是刚刚好。从长远来看，一个真正的富人不是看你现在挣了多少钱和花了多少钱，而是看你能留下多少钱及能够留多久。你通过学习，增加财务知识和财商，比买爱马仕重要得多。这些年很流行的一句话：你永远不可能挣到认知以外的钱，如果意外赚到，也会凭实力亏出去。所以只有认知到位了，你才能得到相应的财富。

如果想致富，必须记住这点——富人获得资产，而穷人和中产阶级获得负债，只不过他们以为那些负债就是资产。

他们就是因为不清楚资产与负债之间的区别，才在财务问题上苦苦挣扎。乍一听，你可能会笑，这么简单的概念，怎么会弄不清楚呢？其实大多数成年人没有掌握这个简单的道理，是因为他们已经有不同的教育背景和认识，他们被其他受过高等教育的专家，比如银行家、房地产商等教过，所以很难忘却已经学到的知识了。《富爸爸穷爸爸》里就提到让成年人变得像孩子那样去学习太难了，有学识的成年人，往往觉得去研究这么简单的概念太没面子了。所以那本书也是从孩子的视角去洞察和思考的。

同样的东西，有可能是资产，也有可能是负债。比如房产，一线城市的学区房，在一般情况下，都会是资产，一是房价有上涨空间，二是有源源不断的房租收益，这也是中国人喜欢买房子的原因。但是其投入门槛和成本也是巨大的。如果遇到学制改革，有可能会遭遇有价无市，大笔资金不能短期变现的风险。

小A新婚，在一线城市买了一套房子，父母帮忙付了首付，自己每月还房贷，总价400万元，1个月要还1.5万元。为还房贷，小A拼命工作。

过了一年，一线城市房价稳步攀升，房屋价格变成了600万元。

小A春风满面，逢人就说："我的房子又涨价了，我比原来还有钱啦！"

过了几年，小A生了2个宝宝，决定把小房子换成大房子。

他是怎么换的？不需要细想就知道，把小房子卖了，还清贷款，剩下的钱全部拿去做大房子的首付，然后继续贷款，变成了1个月要还2万元。为还贷款，小A继续拼命工作。

但是，小A真的变得有钱了吗？

“工作赚钱 —— 买房 —— 拼命工作 —— 换房 —— 还贷”。

和朋友们吹嘘的时候风光无限：“我又买房了……”殊不知，这就是大多数工薪阶层的死循环。更糟糕的是，他们以为房子涨价就是自己更有钱了。

如果家庭也有财务报表，工薪阶层的报表一定是一幅拼命工作的图景。为什么要努力工作、升职加薪？不是因为他们赚不到钱，而是因为他们赚来的钱都购买了“负债”。

同样是房产，如果是五六线县城的郊区房子，房价便宜，一套几十万，但周边缺少配套，也没什么人居住，几年内房价看不到上涨空间。这样的房产可能就是负债，没有现金流流入，还要为此付物业费和房贷。

再比如说车子，很多家庭都有一辆以上自用车，如果确实每天出勤需要另说。但若是为了偶尔去郊外度假而买一辆越野车，就显得有点浪费了，因为车子从开出4S店的那一刻起，就已经在不断地贬值，而且还需要停车费、保险费、保养费，车开得越少，其单位公里的成本越高。所以车子一般被认为是负债。不过如果这辆车是用来运营的，比如现在特别火的滴滴或者货拉拉，能够创造收入，再或者有一些生意上的作用，那它可能又是一项资产。

所以资产和负债，不是一成不变的，用一句话总结，资产就是会有钱流入的东西，负债就是会把钱从你的口袋里掏出的东西。我们每次配置较大物件的时候，都要去审视，我是获得了一项资产还是负债。

请记住，资产越多，你就会越来越富有。

富人的现金流模式

之前我们讲了，财务自由实际是个现金流状态。那你的现金流是什么样的呢？是不是等着发工资，然后赶紧还上信用卡？实在不行，还要用这张信用卡套现还一下借呗、花呗，如果是这种套路，那就需要按下暂停键，想想到底是因为自己过度消费还是赚得太少。如果每年都有些节余，不算太多，但是不知道如何安排和处理，那么恭喜你，已经到了下一层级。

从现金流模式看，一般月光族的现金流模式就是收入全是劳动性收入，然后把它全部花光，没有什么资产，偶尔超支了可能还有点负债。碰到啥事要应急，还得向哥们儿、亲戚再借点，这种就是典型的不可取的现金流模式。如果刚毕业那会儿，可以理解，但如果工作两三年，还是这种状况，那就需要注意了！

第二种现金流模式，就是收入大部分来自劳动性收入，每年呢，也有一些节余，但是也不知道去干点什么，节余多了就去买个包，换个新上市的手机，再多了，就蠢蠢欲动想换个手表、换个车。这是目前中国大部分家庭的模式，也没有说很差，人毕竟还是需要消费的嘛。但是如果只会购买耗钱资产，那想实现真正的财务自由是有点难度的。家庭未来财务状况会变好还是变坏不好说，不然也不会有家道中落这个词。一般来说，凡是面子上的东西，都是耗钱资产。有位成功人士说过，当你放下面子赚钱的时候，说明你已经懂事了。当你用钱赚回面子的时候，说明你已经成功了。当你用面子可以赚钱的时候，说明你已经是人物了。你如果钱没赚着，面子看得挺重，那说明你还没“懂事”。

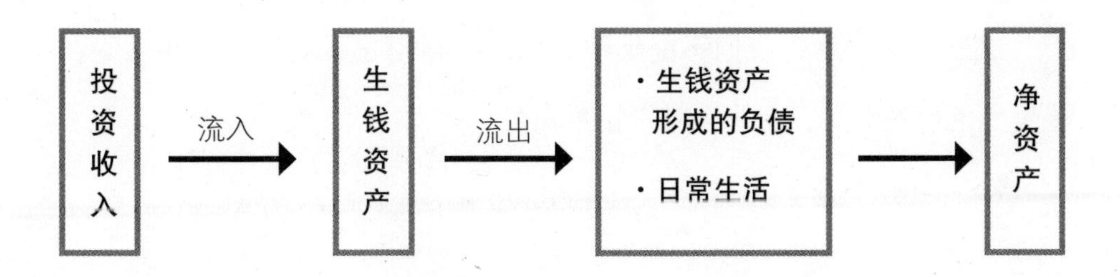

第三种现金流，就是富人的现金流模式，也是我们推崇和学习的。就是早期通过各种努力，想办法配置生钱资产，然后用生钱资产所得的收入，去覆盖我们日常的生活支出，那么你的时间和精力将大大释放，从而去钻研和学习自己真正热爱和感兴趣的事，发挥自己的优势，这样你成功的可能性将会大大提高。然后再来配置相应的生钱资产，不断积累，生活水平也会不断提高。虽然这个实现起来有困难，但是方向不能错。通过科学的规划，我们还是有机会达到的。

我相信在我们的读者当中，每个人的起点都不同：有人博士毕业，具备某项专业技能，这类人感觉有优势；有人初中毕业，是一名保安、餐厅服务员、快递小哥；还有一些人刚刚大学毕业，是一名民营企业打工人。我想说的是，任何现在的结果都是十年前的选择决定的，只要当下开始筹备，十年后，你就有可能成为你想成为的人。我们每个人都拥有财务自由的权利，关键是要找到方法，有一套细致科学的实施办法。我们会根据每个人的不同情况，进行个性化分析及指导制订实施计划。我们将分析你的日常收支情况、特长、爱好、禀赋资源等，教你认识日常的投资理财渠道，制订详细的计划。

这里说明一点，我们不提倡不努力就获得财富，财商是一种智慧，是奖励之前的努力，希望大家别钻牛角尖。

财务自由目标的设定

桥水基金创始人达利欧在他的《原则》里，提到重要的人生五步法，其中第一步就是目标。

你有没有发现，国内学校的教育制度好像没有把目标放在突出重要的位置。比如你要从小开始思考，你要成为什么样的人，你是谁，你要去哪，然后开始琢磨应该如何去实现。对于这一点，美国人的看法就很有意思。他们通常很在意两个时间点，第一个是自己出生的日期，第二个是知道自己要成为什么样的人的日期，这个日期，让我们每个人都更加明确自己的位置以及目标。

在我们设定目标的时候，总会有模糊感，就是有时候感觉不知道自己究竟要的是什么，一边寻觅一边非常辛苦地工作。

没关系，就现在，请你先闭上眼睛，想象一下自己到五六十岁的时候，希望自己成为一个什么样的人。你可以想象，成为一家公司的中高层还是某个领域的专家，这些都可以。

那么接下来，再在这个感觉上，我们来完善一些事项。我们通常所说的目标是需要具备以下五项原则的：

（1） 明确具体；

（2）量化衡量；

（3）具有一定挑战；

（4）长短结合；

（5）有一定时限。

根据以上原则，我可以把原来的目标变为“我希望自己在5年内，成为一家年流水在5000万以上，利润率在20%的财务自由规划培训公司负责人”“我希望自己可以在5年内，赚够1000万退休”“我希望自己可以在5年内，买一套属于自己的房子”……

好，再看一下以上目标，你就会感觉比最开始的目标要清晰一些。在设定目标的时候，可以有远景的，但一定还要有近期的。如果你还想不清楚远景的，那你可以花半年时间想清楚远景目标。如果你在迷茫，别灰心，别自卑，因为世界上有一半以上的人，是不知道自己的人生使命的，所以你如果能用半年时间想清楚这个问题，还是走在了很多人前面的。

当然这个问题的理解，不是靠你待在家里什么都不干就能想清楚的，你需要阅读、实践、小步尝试，去了解自己和社会，考虑到未来有可能遇到的困难，然后慢慢形成自己坚定的长期目标。

与时下流行的各种互联网产品一样，面对迅速变化的市场环境时，互联网产品不能先关起门来憋大招，去追求自己想象的完美。而是应当有了一定雏形并投入不大时就逐步策略式地推向市场，借助市场反应迅速暴露问题，以最快的速度、最小的成本去犯错，最后快速调整、迭代和加推，最终这个产品才能适应市场需求。其实人和社会的结合也是一样的，与其一味等待什么都不做，不如以最小的成本去尝试和试错。

失败没关系，面子更不重要！

如果你还是不知道该如何设定目标，一片茫然，那么在这里给大家罗列几个问题，希望你能找到一张白纸，认真地写下来：

（1）你过去觉得最成功和快乐的 10 件事是什么？他们与你的职业有什么关系？

（2）想想目前的所有职业，你觉得哪个职业的人是你最向往的？他们哪个方面吸引你？

（3）你觉得你最擅长什么事情？自己有哪些与生俱来的天赋和后天训练得到的能力？

（4）你所处的时代和环境有什么机遇？

（5）你目前都与什么人来往，他们能带给你什么？

（6）你的知识和技能，是否能跟上时代的脚步？

坐下来，静静地问完以上这几个问题，然后开始想想自己 5 年后希望成为的样子，写下来，加上确切量化的指标。

目标初步形成之后，不妨多问自己几个问题，比如，这个目标是不是自己在事业上最看重的，它是否会使你变得快乐，你是否愿意全身心投入，哪怕早期遇到挫折和困难。你不能还和一开始一样，干巴巴地说“我想 5 年后挣 1000 万”，这不是目标，而是欲望。千万不能把人性的欲望当作目标。目标应该是具体的、基于现实的，而不只是一个结果。看别人赚钱了，然后你也就光想赚钱了。一定要从自己的内心出发，激发自己所有的热忱，才有可能比别人走得稳健。

有了基本的目标，只是第一步，还需要进行下一步的分析，比如确认达成这个目标需要的知识和技能是什么？我自己所缺的是什么？对实现目标有帮助的人和团体有哪些？我如何去融入，学习他们的长处；最后再制订实现目标的措施和找出解决问题的方法，并且落实到行动。把这些都一点一点地写下来，然后再转化成自己的目标，贴在自己的办公桌上，天天看着它。

强调一下，目标一定要写下来，不然间歇性踌躇满志，持续性混吃等死会发生在很多人身上，因为那是人性的弱点。你可以想象你从小到大有过多少次暗下决心，但最后没有做到的，就是因为没有说出来、写下来、贴上去。

之后，再把自己的年目标转化成自己的月目标、周目标和日目标。这里着重分享一个以周为单位的目标管理法。许多世界500强公司以周为单位安排工作，这是因为如果按天，在目标设定和调整上损耗的时间太多，还没想目标呢，这一天过完了，这不仅需要非常自律的人来做，同时也需要很会随机应变的人来做。按周的节奏刚刚好，你每周五下班前去审视这一周的工作节奏和安排，比如是否做到了每天1小时阅读、每周两次健身，跟上正在学习的某个课程，认识某个行业的前辈等，再把下一周要达到的目标写下来，贴在自己的桌子前。

这样一点点分解，几个月坚持下来，成绩就会显而易见。久而久之，就会变成良好的习惯。

Part 5
梳理盘点自己的资本和资源

你到底值多少钱?

在面试的时候，应聘者都会被问一个问题：你期望的工资是多少?附加的条件是什么?

为什么会有这个问题?

很简单，因为面试的公司想知道，你是否知道自己到底值多少钱!

关于自己能值多少钱这个事，其实是受到很多方面因素制约的。首先就是教育背景，即使你读的学校不是很好，但是许多用人单位已经不是非常注重学校的好坏了；其次还有你的能力，比如团队协作的能力、创造力等；企业最看重的还是你对自己价值的把握，对自己有一个清晰的认知，给自己“定价”，才是获得高薪资的根本。

在商场中总会出现这样的情况：原价1000多块钱的皮鞋，在换季打折的时候可能还卖不到500块钱。买下之后，你会觉得捡了一个大便宜。

其实，这双皮鞋的成本根本就没有那么高。这双皮鞋的工厂价格是100多元，然后运输到商场，商场以200多元购入，最终皮鞋的上市价格是1000多元。

面对这中间巨大的利润，你是不是大吃一惊！除了管理的费用、给售货员的工资，其余的都是商场的利润。即使打折促销，商场还是能够获利的。同一双皮鞋，在鞋厂的时候无人问津，到商场里就可以卖到1000元以上，关键就是定位。

对我们每个人来说也是如此，只有对自己有一个正确的定位，才会实现高的价值。

虽然每个人都有自己的优势和不足，但是也要正确地认识到自己的价值，让自己处于一个优秀的位置才可以获得更多的回报。如果你把自己放在农贸市场中，那么所有人都会按照农贸市场中的人该有的价值来定义你，不会去看你的价值在哪里，对你的评价也不会很高。相反，如果你让自己处于精英之中，即使表面上看不出你是否是精英，别人也会猜测你是精英的助理，对你的评价也会随之变高。

有一个考古学家在一座古墓里发现了一块宝玉，这块宝玉价值连城。

有一天，考古学家让自己的学生拿着这块玉到市场上去卖。第二天学生就来到了一个卖古董的古玩市场，他小心翼翼地拿出宝玉，和其他商贩一样，将宝玉摆在街上。街上来往的人很多，但是没有一个人询问这块玉的价格。

傍晚的时候，学生只好回去了，考古学家问起今天卖玉的情况，学生埋怨道："老师，半天都没有人来问我价格，情况非常不好，这块玉不会是假的吧？"考古学家并没有回答学生的问题，而是让学生明天带着这块玉到博物馆去参加展览。

于是，学生带着这块玉又来到了博物馆，当这块玉展出的时候，所有的人都走上前，询问这块宝玉的价格。学生在回答了所有的问题后，回到了研究室。他一见到考古学家就非常激动地说起今天的事情。

同样的一块玉，只是摆放在了不同的位置，结果却大相径庭。它本身的价值没有改变，是因为不同的定位产生了不同的效果。

所有人的身上都有宝玉的潜质，给自己做出正确的定位，丰厚的薪水自然会到来。是被万人瞩目，还是孤芳自赏，都需要你自己决定。

一般来说，构成竞争力的基本要素包括：

（1）专业知识及学历。

（2）专业经验及技能等级。

（3）专业阅历及解决问题的能力。

（4） 处理人际关系的能力。

（5）工作中的绩效。

（6）所处行业职位的高低。

（7）所处行业的人脉及附加价值。

（8）所处行业的知名度。

如果你对自己的定位和价值还有一些模糊，就可以凭借以上的八点对自己的价值有一个基本的了解。

米开朗琪罗是享誉世界的雕塑大师，他的雕塑作品《大卫》和壁画作品《最后的审判》从文艺复兴时起，就成了传奇一般的存在。但其实，他并不是一开始就天赋异禀，而是在尤里乌斯二世的严苛要求下，才逐渐成长起来的。

当米开朗琪罗完成自己最得意的作品《大卫》后，几乎成了人们的偶像，也正是因为这样，他被当时的尤里乌斯二世邀请去画壁画。但我们都知道，米开朗琪罗所擅长的是雕塑，他画壁画的水平可差得太多，但尤里乌斯二世并没有换人的打算。于是接下来的几年里，米开朗琪罗把自己关在绘画的场地中，不断研习和修正，这样才描绘出了令世人震惊的《最后的审判》。

再审视一下我们的标题，你到底值多少钱？有的优点、有的能力或许你自己都没发现。

为什么我们一定要了解自己的价值，因为自己的价值就是资本，就是我们可以立足社会并在其中发展的出发点。认识自己，了解自己，才能突破自己。

如何发现你身边的资源？

任何事情的成功都取决于资源的配备。在我们的生活中，有物质资源，也有非物质资源。物质资源包括金钱和财产，非物质资源则包括知识、技能、思想、精神、理念及自身的素质等。

有时候很多人都会限定到某个圈子里出不来，他会觉得我也没什么基础，不认识什么人，现在在大城市打工很不容易。有一句话说得很好，就是悲观者正确，但是乐观者成功。你身边那些经常觉得这有问题那有问题的人，最好离得远一点，因为他说的确实好像没错，你听着感觉还有点道理，但是对你成长、进步、破局起不到作用。

穷人在一起讨论最多的是什么？往往是“赚钱太难了”“今天又花了 ×× 钱”，你和他说没钱可以创业，干起来了钱就来了，他会说：“你疯了，我没钱怎么创业！你借我啊？”

你有没有发现，挣不到钱的人世界观往往都是消极的。

富人在一起讨论最多的是什么？往往是“赚钱太容易了”“我真不懂为什么还会有那么多穷人”，你和他说，创业你不怕亏损吗？他会说：“亏了就再来呗，万一赚了呢！”

你有没有发现，很会挣钱的人世界观往往是积极的。

这就告诉我们，首先我们要和会挣钱的人做朋友，多和他们交流沟通，不说借鉴多少经验，从心态上来讲，他就能给你不少鼓励，看着他一天天阳光灿烂，干劲满满，你也会觉得：我也得努力起来！我要像他一样优秀才行！

所以，想要成事，首先我们要找到圈子的资源，圈子对了，心态对了，状态对了，资源就对了。

发现身边的资源其实一点也不难，这里可以从几个维度说起。

第一维度：家庭资源。

现在，你要梳理盘点一下你家是做什么的，有没有天然的优势，自己家没有，想想有没有亲戚是干什么干得比较好的，走到这些相对厉害的人旁边，去感受他们是怎么思考问题的，是靠哪个行业起家的，去请教从 0 到 1 的关键步骤是怎么走过的，运气好的话，你的家人说不定还能给你一些好的资源和机会。

小 A 当了五年北漂，既没攒下钱也没经营到什么人脉，2018 年，她想回家去看看有什么机会。

巧的是，小 A 的弟弟在老家经营玉米生意，得知姐姐要回家，热情地邀请她和自己一起干。进入这个行业，小 A 才知道反季节销售的黏玉米价格要比正常季节高出好几倍，利润可观，一天能收入上万元。弟弟的生意做得很好，但有时因为供货不足会影响客户购买玉米，于是，弟弟打算在家乡种植玉米，并让姐姐加入一起干。

小A顺理成章地就进入了这个行业，与弟弟一起经销黏玉米。接着，他们在佳木斯农垦科学院找到了黏玉米的种子，又和农户签订了70份购销合同。

2019年8月，普通玉米还没成熟，这片土地上的黏玉米就已经大丰收了。小A将农户手中的900万根玉米加工完毕，送进了租好的冷库。这时已近11月，市场上新鲜玉米已经卖完，小A觉得时机已到，便与弟弟风风火火地干起了直播，同时又与几家供应链公司签订了供货合同，每天就能卖出至少10万根玉米。

还来不及高兴，他们又接到了一个厦门客商的电话，对方提出一次性要300万根黏玉米。小A和弟弟高兴极了，连忙给厦门客商发货。厦门客商一见玉米成色非常好，当即又追购了200万根速冻玉米。

可喜的是，2020年刚到春天，小A就陆续地接到了各个城市客户的预订电话，甚至韩国市场也送来了400多吨速冻黏玉米的合同。

一两年的时间，小A和弟弟就变成了当地了不得的人物。

家是温暖的港湾，家人是上天馈赠给我们的最自然亲密的资源。如果你身边也有这样的优质资源，一定要赶紧着手去做点实事。

第二维度：校友资源

你会看到很多创业的大佬，比如腾讯的马化腾、美团的王兴、携程的四君子，刚开始起家都是因为几个大学同学互相信任、知己知彼，一块认定某个目标就开始干。我们的学生时代是美好的，是单纯的，也是充满无限可能的。从同学身上找发光点，一点也不难。

2020 年新冠肺炎疫情发生时，许多人都不愿出门。加拿大多伦多大学士嘉堡分校的华裔学生小 C 和小 D 看准时机，提出了配送食物的创业设想，配送范围包括超市的各种鱼、肉、蔬菜和水果，受到了很多人欢迎。

早在 2019 年的校园创业大赛上，他们就曾提出这个项目，但当时未能通过。2020 年疫情暴发，许多人不敢去超市买菜，另一方面，超市为保持“社交距离”，也不让太多人入内。送菜服务正逢时。

于是，两个人开始着手设计软件、网站，找人确定配送方案，和超市谈判等。目前，有四间士嘉堡的超市已经和他们达成了合作。

从开张到现在，大部分顾客点的商品都会超过 49 加元，购买的货物从蔬菜、肉类、日用品到零食都有。除了食物，他们也配送防疫物资，比如口罩、消毒剂等。如今有 8 名员工在为他们工作。

看准时机，撸起袖子就干，这是青春的魅力，同时也是同学间相互信任的魅力。如果你身边也有这样的好同学，不妨一起创业，一起挣钱。

第三维度：朋友资源

如果说你在学习的道路上没遇到志同道合的人，那么没关系，你的朋友中也应该不乏想法一致、价值观相同的人。朋友一样是我们人生中不可或缺的珍贵资源。

今天，苹果手机无人不知，然而你可能不知道，苹果的创始人乔布斯和沃滋在上中学的时候就认识了。当时，有一台“8800”对他们来说实在是太过奢侈的想法，所以面对计算机，他们只能望洋兴叹。但是，他们实在是太想要一台属于自己的计算机了，于是乔布斯和沃滋一起动手，硬是用零件组装了一台。

掌握了基本的组装知识后，两个亲密的朋友又购进了一些散装零件，成功地装好了100套“苹果－I”计算机，以每台售价50美元卖了出去。虽然这次他们并没有赚钱，但“苹果”的种子就此种下。

由于有了一定的基础与经验，两个人开始关注计算机方面的信息。经过市场调研，乔布斯敏锐地发现，每一个人都希望买到一台整机，而不是散装配件。于是两人开始在这方面下功夫，为了把外壳设计得更美观、大方，乔布斯还颇费了一番周折，终于设计出了轰动一时的“苹果－II”。

“苹果－II”推广成功后，乔布斯和沃滋更加相信自己的能力，决定合伙开一家自己的公司。但资金成了阻挡他们前进的屏障。

值得庆幸的是，乔布斯和沃滋遇到了好朋友唐·瓦伦丁，唐·瓦伦丁把乔布斯和沃滋介绍给了另外一位企业家——英特尔公司的前市场部经理马克·库拉。这位企业家对微型计算机十分精通，他检验了乔布斯的“苹果”样机性能，并做了详细的询问和考察，还了解了“苹果”电脑的商业前景，之后，马克·库拉立刻意识到了乔布斯和沃滋的发展潜能，决定与他们合作。

三个人经过持续几天的商谈，制订出了“苹果”电脑的研制生产计划书。马克·库拉慷慨地把自己的91 000美元全部投了进去，接着，又帮乔布斯和沃滋从银行取得了25万美元的信贷。

资金已经有了，那么技术方面如何保证呢？为此，他们聘用了熟悉集成电路生产技术的迈克尔·斯科特当经理，由马克·库拉、乔布斯担任正副董事长，沃滋任研究发展部副经理，苹果微型电脑公司就这样一步一步地发展到了今天。

第四维度：工作资源

如果前几个你没积累，好，那这个就是你当下最重要的资源。工作方面的资源很多，有来自同事的，有来自领导或下属的，也有来自客户的。

小C是一家培训公司的课程销售员，初来乍到，业务不是很熟练，工作自然也不是很顺利。在一次公司的培训课上，小C听经理对他们这些新员工讲：“你们刚来，没有目标客户是正常的，但只要坚持下去，肯定会有收获。”

但还是有人抱怨业务太难做。经理又说：“你心里不要把工作当成业务，不要把客户当作拿奖金的筹码。你就想着，我送给客户的是最好的培训课，能提升他们的能力及他们企业的业绩等，我的工作就是帮助企业和企业家成长。一句话，我就是为客户好。”小C对这段话印象深刻，原来好业务是这样做出来的啊。

后来，小C就抱着帮助客户的心态工作。无论是工作，还是生活，有事没事就问候客户，像朋友一样关心他们。如天气转凉时提醒他们加衣服，节日时发个祝福短信。不仅如此，小C还关心客户的父母及孩子，客户孩子病了送点药过去，甚至有一次客户的钥匙落在家里，闪送又叫不到，小C特意开车从南城到北城给人家跑了一趟。

在别人看来，小C真有些走火入魔了，把客户当自己亲人看了。没想到，一段时间后，还真有客户被小C感动了。餐厅老板李女十说：“以前小C的同事也联系过我，但每次都是直奔主题，就问我需不需要培训课程，需要就为我的餐厅量身定做一套。可小C不一样，虽然我知道他也是推销这个课程的，但他只跟我说了这个课程有多好，然后就无微不至地关心我和我的家人。我从没见过这样一个为客户着想的销售。说实话，我是被他感动了。”就这样，李女士二话没说，就和小C签约了。

按说小C达到目的后就可以了，没想到小C还很注意“售后服务”，签单后对李女士及其家人仍然一如既往，还时刻关心其餐厅的生意，偶尔还带朋友过去吃个饭捧个场。除了公司安排的课程外，小C自己还看书学习，然后帮助餐厅培训。李女士真是对小C心服口服，一高兴又帮他介绍了几个客户。

有了熟人的推荐，小C的业务好做多了。

乔·吉拉德是世界上最伟大的推销员，在商界的奋斗中，他总结出了一条“250定律”。他觉得，每一位顾客身后大约有250位亲朋好友可以发展。倘若你赢得了一位顾客的好感，那么，这位顾客背后的250位人的好感也会随之获得；相反，如果你得罪了一位顾客，也就得罪了这位顾客背后的250位可发展顾客。所以，你必须认真对待身边的每一位客户，因为每一位客户的背后都有一个相对稳定且数量庞大的客户群体。

第五维度：氛围资源

如果你现在没有工作，没有一个好的平台能接触到人。没关系，想想你的家乡有什么产业资源，你原来上学的学校在哪个行业有优势，说不定这些也会成为你的资源和机会。

1908年，彼德森出生于伦敦一个贫穷的移民家庭。因为家里实在太穷了，他没怎么上过学。到15岁时，为了能掌握一门谋生的手艺，彼德森到运河街的一家珠宝店当了学徒工。几年之后，由于师徒间的一些误会，彼德森离开了珠宝店。

因为有了一些经验，彼德森就自己开了一家首饰店，进行首饰加工。

刚起步时，为了招揽生意，彼德森从早到晚四处跑，每天都很累，生意上也赚不到什么钱。于是，他开始改变经营方式，搜集那些有财力并且想买首饰的人的名单，然后挨个给他们写信，介绍自己的手艺，并在信中约好上门服务的时间。

信寄出后，彼德森按预约的时间登门拜访。没过多久，他便做成了第一笔生意。有一次，他去拜访一位贵妇人，贵妇人在见到彼德森后，非常认真地问他："彼德森先生，您的手艺是和谁学的？"

彼德森说："我的手艺是在运河街珠宝店卡森那里学来的。"

贵妇人说："卡森！那可是个有名的珠宝商，原来您是他的徒弟。"

因为信任，贵妇人拿出一枚两克拉的钻戒，放心地交给彼德森，她说戒指只是有些松动了，需要加固一下。

贵妇人的话让彼德森感到惊讶，他没想到卡森的名气这么大。他欣喜不已，觉得自己找到了一根救命稻草。

自此以后，彼德森决定借用卡森的名字来推销自己。从那以后，每次登门，彼德森在介绍自己时，总有一段独特的开场白。见到顾客他会说："我是卡森的得意门生彼德森。"

当然，后来师徒二人也和解了，不过那是后话了。

氛围资源其实就是家乡或者身边的可利用信息，比如你是福建人，知道家乡有人是做茶生意的，那么你就可以近水楼台去研究研究茶，毕竟当地人对这些东西都熟悉，也能联系到相应的资源，从小耳濡目染也懂一些。

第六维度：陌生人资源

你社恐吗？

现在许多年轻人都讲社恐，说自己“不会和别人交流”“一说话就感觉尴尬得能用脚指头抠出一座宫殿”，不仅不愿意表达自己，甚至也会用异样的眼光去看善于表达自己的身边人。你以为这是清高？但其实这只是活在自己舒服圈子里的小傻瓜而已。

相比人脉，能够创造人脉的能力更重要！那么，创造人脉到底需要具备哪些能力呢？最简单直观的就是体现自己的价值！你要有被别人需要的价值，也许你刚开始一无所有，那就热情服务。如果你是加油小哥，不要油枪往油箱里一放就完事，你要想办法多和人聊聊天，提醒一下什么时候加油最合适，加油站之间有什么区别等。如果你是一个理发师，看别的理发师给顾客草草理了发就完事，你做的时候，最好能给顾客提提建议，帮助顾客多尝试几种发型，利他是永恒的商业模式。利他做到了，慢慢资源也就积累了。

听说“内卷”了！我们该如何让自己增值？

2021年以前，好像从没听过或很少听到“内卷”这个词。但现在，“内卷”来了，一夜之间好像什么都能用“内卷”来解释了。

明明我上了补习班，为什么高考仍没考好？——不是我不够努力，而是“内卷”了。

明明我又加班了，但业绩还是没什么起色——绝对不是我偷懒，一定是“内卷”了。

明明我又加了两条生产线，可工厂利润还和上个月一样——我可真不是不用心，都是“内卷”惹的祸。

内卷是什么？

内卷，指一种社会或文化模式在某一发展阶段达到一种确定的形式后，便停滞不前或无法转化为另一种高级模式的现象。这么说我们很难理解，那么换一种说法：存量竞争下的互相内耗，导致竞争中的个体付出增多了，实际收益却没有变化。对于个体而言，内卷指的是一个人学习、工作与生活需要投入更多精力与成本，却并不能相应地获得更多回报的“无效努力”状态。

再举个例子，明明我上了补习班，为什么高考仍没考好？这个“内卷”

的潜台词是我是上补习班了，但我们班的小 A、小 B、小 C、小 D……小 Z 全上补习班了，大家的成绩是上来了，可高考分数线也上来了！

这样说是不是一下就明白了，结果没变得更好，过程却让人更痛苦了。

为什么会发生内卷？因为我们都想好，都想比现在更好、比别人更好，初心是好的，但瓶颈也是一定会遇上的。

当我们真的遇到瓶颈时，要思考的是如何让自己走出内卷。

《中国合伙人》里的陈冬青和学生说过一句话："掉到水里你不会被淹死，待在水里你才会被淹死，你只有游，不停地往前游。"

如果发现自己已经掉到内卷的水里了，你只能不停地往前游，比别人更努力，你才不会被卷。如果你上班摸鱼，下班打游戏，晚上还刷视频追剧，一年到头都不看一本书，也没学习任何技能，那么很遗憾地通知你：你的收入将很快追不上通货膨胀的速度。

当然，也不是说你要一直在"内卷"的状态下逼着自己、绷着神经低头往前跑。要想突破内卷化，就需要跳出单纯的学历论，别光看学识和经验，全面综合提升整体能力，尤其是情商和人文素养，去整体规划自己的提升，这才是破局之道。

我们不知道将来会发生什么事，也不知道以自己现在的能力，能不能应付过来，因此对自己进行投资是一件非常重要的事，且持续投资也是非常必要的。

有一个寓言很多人都听过。在大草原上，狮子每天都在想，自己只有拼命奔跑，才能抓到猎物；与此同时，羚羊也在想，它必须拼命逃跑，才不会成为狮子的食物。

现在的职场，人们的压力都非常大，每个人都有很强烈的危机意识，焦虑是不少年轻人心里面时刻存在的一种感觉。想要将这种困扰自己的焦虑感移除，首先必须让自己变得强大起来，只有不断提升自己的能力，才能有足够的信心去面对生活。

在自己身上投资实际上也算是充满正能量的一种生活方式，它不但可以让你的收获非常多，而且可以让你思考事情时的头脑更加清醒与理智。人们经常说艺不压身，通过这句话就可以看出在自己身上投资是极有好处的。

实际上有很大一部分人，特别是那些没有优越背景的人，都是有很大的提升空间的。不过有一点你需要搞明白，你不可能将自己提升的可能性寄托在别人的身上，想要让自己变得更有价值，你必须在自己身上进行更多的投资。你必须明白，在其他方面的投资能让你在短时间内赚到钱，但是在自己身上进行投资，从长远的角度来看对自己更加有利。

实际上，如果你能将自己的本职工作做得非常好，赋予你的工作全新的生命与活力，也是一种特殊的“理财”方式。如果你没有太多投资的想法，你不妨将你的能力作为一种长期的投资。如果你坚持投资自己，将会在今后成为一个非常有价值的人，这将是你一生的宝贵财富。

如果你希望在自己身上投资的时候收到很好的效果，你就必须对自己非常了解，知道自己在哪方面比较擅长，在哪方面做得不好，然后扬长避短，找一个能与你的优点充分结合起来的职业。虽然我们不必太过在意证书与文凭之类的东西，不过该有的东西还是要有的，比如和你的专业有关系的文凭与证书，这些都能让你的竞争力变得更强。

对于刚参加工作的人来说，一般都是用自己的时间去挣钱，但是当工作经验积累到一定程度，事业到了比较成熟的时期，人们就开始用钱来节省时间了。当一个人的事业发展到一定程度时，他就会尽可能地节约自己的时间，并愿意用钱去买时间，用一切手段来让自己拥有更多的时间。

在某项工作还没有开展的时候，你就需要对自己将用怎样的方法去做这件事进行思考，尽可能让自己在较短的时间里把事情做完，这样就可以节约宝贵的时间。对于事业非常成功的人来说，他在很短的时间内就可以赚到很多钱，因而时间对他来说就意味着更多的财富。即便是普通人，你的时间也有相应的价值，比如你每个月的工资是6000元，你平均每天的工资是200元，也就是说现在你每天的价值大概就是200元。当然，你要不断让自己的时间变得更有价值。

如果你想节约自己的时间，有很多方法可以帮助你。比如你如果去固定的地点交费，在路上需要花费一定的时间，到了那里有可能还需要排队，这就浪费了你很多时间。如果在网上缴费，你不但不需要排队等候，连路上花费的时间也省了，非常划算。有人觉得自己上班的时间是出卖给老板了，如果自己能偷点懒，就是赚到了。实际上并非如此，你努力工作，就会让自己的能力更加出众，这样你无论去什么地方，都能有出色的表现。

总之，你需要不断在自己身上投资，让自己变得更强大，这样才能保证将来赚到更多的钱。

明确你现在的起点和现状

你每天会挣到一定的钱，不管多还是少；如果你想生存下去，你一定在不停地花钱，只有吃饱穿暖，才有精力去奋斗：因此钱是随时随地从你手里流进流出的。

既然有收入也会有支出，那么问题就出现了，你到底有多少钱，你知道吗？

钱是挣出来的，同时前期也需要一定的积累，如果没有积累，就算收入再高，也不会成为富人。要做到支出总是比收入小，就必须根据自己的实际情况做一个预算，并且下定决心，无论出现多么困难的情况，都必须保证花费的钱在预算之内。这样，把每个月剩余的钱存起来，或者进行一些投资，都是不错的选择。

大多数人都听说过迈克·泰森的名字，他是一个名气非常大的拳击手。在20岁那年，他便成为世界重量级拳击冠军。由于他的拳击技术非常好，身体也十分强壮，名气又大，挣钱当然不是问题。然而他却不会合理支配自己的钱财，总是随随便便就把钱花出去了。

泰森打了20多年的拳，挣的钱也不少，算起来大概有4亿多美元。

他的生活非常奢华，花钱像流水一样。有一次，泰森在拉斯维加斯最为奢侈的一个酒店包了一个有游泳池的套房。这个套房的房租特别贵，每晚的租金是 1 万美元，只是在这里喝上一杯普通的酒，就要花费 1000 美元。泰森为了显示自己的阔气，当服务生来给自己送酒时，放在盘子里的小费都高达 2000 美元。

正是因为泰森花钱不知道节制，所以后来他欠下了 2800 万美元的债务。

从泰森的事例就能够看出，一个人就算有再高的收入，如果他仍处于 S 象限，不知道积累，也不可能成为富有的人。想要积累下财富，就必须懂得量入为出。

前面我们梳理盘点了自己的资本和资源，打开了思路，那么接下来就要明确现在的起点、现状，落到纸面上，所以我们将围绕一个表格——个人家庭资源及财务现状年度盘点表（见下页）来开展。任何一个行动的开始，你都需要知道现在的起点在哪里。

打开表格，填上自己的个人情况，接下来，我们就进入梳理的环节。第一项是你喜欢的事，这里主要填你觉得哪件事情你干起来可以废寝忘食，或者你觉得哪怕不给钱自己还是愿意去做。

第二项，是说你做过的兼职，比如你大学时候有没有做过家教、主持人、翻译、地推员等。你做过家教，当时家长的反馈如何，如果觉得好，说明你是具备教人的潜质的，你也许可以成为一名讲师。

第三项，你觉得自身的优势是什么？这里提一点，你想未来到更高

个人家庭资源及财务现状年度盘点表

单位：元　　　　　　　　　　　　　　　　　　　　　制表日期：　　年　　月　　日

姓名：	年龄：	职业：	家庭住址：
你喜欢的事			
你做过的兼职			
你的自身优势			
家族资源			
其他资源			
地域特色特产			
居住地资源			

个人或家庭的年收入状况			个人或家庭的年资产状况		
	工资所得			股票、基金当前市值	
	奖金、年终分红等			保险类、证券类、信托类现金价值	
	其他酬劳所得			寿险、重疾险保额	
	财产租赁所得			银行存款和理财金融产品总额	
	银行存款利息			房子的市值	
	股票、基金分红			车的市值	
	国债、国家金融债利息所得			持有企业股权可折现市值	
	保险赔款			在外应收账款	
	福利费、抚恤金、救济金			珠宝收藏品，家具家电	
	收入总额合计			资产总额合计	

个人或家庭的年支出状况			个人或家庭的年负债情况		
	年生活费（每月*12）			房屋贷款	
	生活用品（日用品、服装鞋帽、化妆品）			车辆贷款	
	子女教育费，学习培训费			消费贷（信用卡、花呗等）	
	住房（水电煤气、物业费、取暖费）			私人借款	
	人际关系应酬			经营性贷款	
	赡养老人			网络贷款	
	医疗			其他欠款	
	旅行及购物花销				
	车位费、油费、保养费				
	大件采购				
	保险类理财类支出				
	股票基金理财类亏损				
	其他支出				
	年支出总和			负债合计	

的平台，一定得经常想如何发挥自身的优势，而不是总惦记着自己的短板。比如自己乐于为人服务，喜欢和人交流，或者自己长得好看，这也是优势，现在是颜值经济的时代，有颜值，你做直播可能就会比别人做得好。

第四项，就是家族资源。如果你出身富贵家庭，在发展你的事业时，你千万不用不好意思，觉得靠家里什么的，这本身就是你不可多得的资源。你知道比尔·盖茨的家庭原来就是贵族吗？

1980 年，盖茨的母亲玛丽被任命为非营利组织“全国联合大道”的董事会成员，她与委员会成员、IBM 主席约翰·欧宝讨论了比尔·盖茨的公司，几周后，IBM 决定聘请当时还是一家小型软件公司的微软，为其第一台个人电脑开发操作系统。

第五项是其他资源。你要仔细想想在你的经历中，有谁能够在早期给予你帮助。

第六项，就是单位资源。你想想现在在你的工作岗位上，你正在积累哪些经验和资源，能够接触到哪些人。除了完成单位的任务以后，想办法为自己积累人脉、经验和资源。

第七项，如果以上你觉得都没有资源可用。想想你的家乡，有什么有优势的产品或者产业，比如东北的大米、西北地区的牛羊肉、沿海地区的民宿。这些都是有开发价值的产品。

最后一个，如果你自己工作生活在北京、上海这样的大城市，那么其实城市本身也是一种资源。你在这里能够了解到最前沿的讯息，接触到最有头脑的人群，比如在杭州的电商行业，在浙江义乌的小商品产业，在广州的服装产业，在东莞的制造业等，这对你来说，也是一种能利用的资源，在你一穷二白时，一定要借天地之势。

接下来，就是梳理我们自己的财务现状。这里可以填当前你个人或者家庭的财务状况。第一大栏是我们的年收入，分为主动收入和被动收入，以元为单位分别填入，下方收入合计处会自动计算出你一年的收入总和，包括股票、基金当前的市值。

第二栏是我们个人或者家庭的资产状况。包括股票、基金当前的市值，保险类目前的现金价值大概是多少，以及你的寿险保额和重疾保额分别是多少，这里可以评估你的财务安全性。下面是银行的存款和理财总额，以及车的市值。如果你有企业股权，可以估计一下目前对应的可折现市值。还有涉及应收账款的话，也可以算在个人资产中。但是如果说确定未来收不回的，可以不放在其中。最后会自动计算出资产总额。

再往下，我们看到我们过去一年的个人或者家庭的支出情况。你在计算的时候，稍微估计一下，比如如果一个月生活支出是5000元，那么一年就是6万元。再接下来分为子女教育、学习、住房、孝养、医疗、旅行、经营性支出、大件采购、消费类保险支出、储蓄类保险支出、股票基金亏损。亏损的话，这里就在数字前面加一个负号。保险类支出分为消费型和储蓄型，是因为这两者一个算支出，另一个其实算储蓄，虽然在当下过程中是需要资金投入的，但未来是有节点会回来的。大件采购，我觉得买一部手机、电脑，或一个几千块的包，都算作大件采购。实在分不清哪项的，可以放在其他支出里。填完这些后，我们会自动有个支出合计，你再审视一下自己的支出分类，也能有一些体会。

再往下就填写我们个人或者家庭的负债情况。负债就是指对外欠的钱，像房贷、车贷、消费贷就是典型的负债，除此之外，像私人借款、经营性贷款、网络贷款和其他欠款也都算负债，填完后会有一个负债总计。

以上填完后，我们有一个开放性问题，即你觉得目前主要的经济问题和困难是什么？请思考一段时间后再如实回答。

填完表格后，我们可以计算出几个数值：

（1）你上年度的现金流状况，如果现金流余额比较多，那么恭喜你，你超过了很多人，接下来就是想办法怎样把这些多的收入做一个合理的资产组合。如果现金流刚刚平进平出，你要思考是因为消费过多，还是收入不够导致的。

（2）第二个数值代表你的财务自由度，超过 100% 就代表着已经基本实现财务自由，数值越低，说明自由度越低，你还处于劳动收入占比很大的阶段。

（3）第三个数值代表你的资产负债率，即表示你的资产的负债情况，数值较高代表着你的资产好多还不是你的。

填完这个表，我相信你会对自己的财务状况有一个更深刻的认识和了解。有了起点，知道自己在哪；有了目标，才知道去哪里。剩下的，就交给行动和时间吧。

Part 6
工薪族如何逐步实现财务自由?

上班族如何才能赚到钱

说起赚钱与理财，可能很多朝九晚五的上班族会有这样的感慨：“没钱哪有资格谈理财啊？”殊不知，理财投资并不是有钱人的专属，它与每个人的生活息息相关。事实上，无论贫富我们都要学会理财，这样才能更好地经营财富与人生。

作为一个处于事业奋斗期的上班族，可能你的薪水还不够丰厚，每个月的各项开支和日常花销也让你不堪重负，但养成良好的理财习惯，你会发现上班族也可以有自己的赚钱之道，也可以变得富有。

放眼芸芸众生，真正的富人毕竟只占少数，与其怨天尤人、自怨自艾，倒不如从小事做起，靠思考与智慧实现致富目标。上班族完全可以凭借自身优势和特点总结出自己的理财之道。当你驾轻就熟地掌握好自己的资产，慢慢地聚沙成塔，你也就自然翻身做富人了。以下是理财专家为上班族提供的一些赚钱之道：

1. 有计划地消费

无论你工资多少，都要学会合理规划，理财的目的是让将来的生活更有保障。无论购物欲望多强烈，都要按计划消费，给自己每个月的消费制订一个“封顶数”并严格遵守，保持这样良好的理财习惯，几年之后你自然会大有收获。

2. 完善资金结构

如果在消费之余已经小有存款，建议别让钱躺在银行里睡觉，可以做一些适当的投资，按照自己的风险承受能力规划资金结构，尝试多种投资方式，在保本的基础上进行投资增值。

3. 一定要备有家庭急用金

每个人的生活都不可能一帆风顺、没有意外发生。按照常理来说，上班族往往要应付很多事情，常常有一些不时之需。最好手头准备相当于自己三个月到半年工资的家庭急用金来应对一些突发状况。

4. 尽量避免负债，提高家庭总资产净值

提高个人或家庭总资产的净值十分重要。而通常意义上，提高净值最直接的方法是尽量避免负债，无论是房贷、车贷或其他消费性贷款。尤其要注意信用卡，不可轻易透支，如果不熟知其中规则，就很容易掉进各种刷卡消费的陷阱。

如果实在避免不了出现负债，也要谨慎考虑，精打细算，找出最划算实际的还债方式，在不背负过重压力的前提下熟练理财，轻松生活。

5. 养成强迫储蓄的习惯

俗话说：“万丈高楼平地起。”聪明人都知道理财的第一步就是储蓄。对每个月都有固定收入的上班族来说，一定要从每个月的工资里拿出一笔钱存下来作为以后投资的资本，有时有钱才能赚钱，这也是加速资产累积的一种重要方式。

养成强迫储蓄的习惯，再加上合适的储蓄方式，你就可以在积少成多的复利中获得一笔可观的收入。这样不但为你未来的生活提供了一定保障，也让你更有自信和动力。

6. 把钱花得更聪明

现在上班族中出现了越来越多的“抠门男女”，虽说是金融危机情况下经济不景气造成的恶果，却也有一定好处，他们学会了如何把钱花得更聪明。在长期有计划的消费过程中，他们养成了货比三家、克制购物欲望等良好的消费习惯，避免了滥刷信用卡、负债度日等尴尬。

学会把钱花得更聪明，不仅能抑制过度消费，也让上班族更能体会生活的艰辛，从而珍惜现在拥有的一切，同时增添了一些生活的踏实感和幸福感。

7. 开创自己的副业

某些上班族可能有些闲钱，且有自己的爱好，但苦于没有时间，往往放弃了爱好。其实如果有兴趣，不妨尝试开创自己的副业。或者在工作之余从事一些自己喜欢的工作，或者当一回甩手掌柜，与人合作进行投资创业。然而一旦选择后者，就务必提前达成合作协议，分清各自的责、权、利。这样不但能让你增加收入，很多情况下还能让你体会到管理的艰难，从而更好地配合上司的工作，在主业上也有所突破，这样一箭双雕，何乐而不为呢？

赚钱是一种本事，只要用心，谁都可以。为生计奔波的上班族，也可以选择一些适合自己的赚钱方式，在增加收入的基础上，找到投资和生活的乐趣。

选择适合你的行业

现在的年轻人，想好好找一份工作其实挺不容易的。

一边是求职 APP 的各种迷幻鼓吹：这边说找工作要和老板聊，那边说找工作不用和老板聊，这边优化简历收你几百，那边推送加倍又要几百……一来二去，求职者心烦意乱。

好不容易选了个 APP，面试时又傻了眼：996 你能接受吗？你结婚了吗？你打算结婚吗？你有孩子了吗？打算要孩子吗……各种问题层出不穷，好不容易问到专业，HR 轻描淡写的一句：我们需要相关工作经验十年以上的专业人士，可月薪目前给不了太高……好嘛，专业技能问题什么也没问，问的全是“你入职后，会不会光拿钱不想着给公司干活”的良心题。面试过了，也不算全过关。据调查，目前的大部分公司实习期为三个月，虽然给你正常交保险，但工资只有正常月薪的 70% 左右。实习期是磨合期，有近 30% 的人会在实习期觉得和公司不匹配，于是又一拍两散，再来一轮。

面对如此艰难的工作选择（更换），大部分求职者又不能坐吃山空，所以很多时候还是凑合找个工作草草了事。

我们如何选择适合自己又高薪的工作呢？

经济学家欧文·费雪在他的《利息理论》中有一句名言：投资即为时间维度上的平衡消费。意思是，我们追求的不该是今天有多少收入，明天有多少收入，挣最多的时候能有多少，挣最少的时候能有多少，而应该是“我们所有工作时间的收入之和，平均到我们每一天的工作中能有多少”，也就是我们每天、每个小时，甚至每一分、每一秒，能挣多少钱。

基于此，我们所说的高薪也不仅指当下意义上的高薪水了，而是高性价比薪金。

我们的工作大致可以分为三种类型：

（1）可工作年限较短，能短时间积累大量财富，但有可能出现职业断层的风口类职业，如运动员、模特、主播等。这类工作往往收益高、回报快，但行业的更迭也很快，一个新的行业从新兴期到红利期，甚至不足三年。吃青春饭的运动员、模特等，如果超过30岁，一般就很难再有比赛或演出，那么他们就要考量之前挣的钱是否能够支撑自己职业生涯结束后的持续花销。主播也是如此，大概五年之前我们还不知道什么是直播，但如今主播已经成了最受年轻人欢迎的职业，可再往后五年呢？谁又敢说，谁又说得清呢？

（2）可工作年限长，收入稳定但缺乏爆发增长的稳定性行业。大部分的“办公室贫民”都属于这种工作类型，如编辑、司机、文员等。如果无法转到管理岗位，这类行业的从业者收入真是又稳又低，往往一边羡慕别人的高薪，一般又暗自窃喜自己的舒适。

（3）前期挣得少，随着经验增长越来越值钱的“厚积薄发”类行业。

这类行业前期收入增长十分缓慢，甚至有的工作还需要为了自我增值而持续投入，如会计师、律师、医生都属于这类。但由于这类行业刚开始入行时又累又不挣钱，所以屏蔽掉了很多人。

分析了目前行业的类型，那么我们就可以大概了解一下具体行业的真实情况了。

随着经济社会发展速度的加快，以及人工智能的普及和人类寿命的延长，未来会有越来越多的人经历跨行，人一辈子干几个行业很正常。

迅速崛起的互联网行业，让整个世界都加快了脚步。麦肯锡对全世界 25 ~ 50 岁从业者的调查数据告诉我们，“70 后”靠从事房地产业发家致富的人最多；“80 后”靠计算机编程赚钱的人最多；“90 后”则是互联网行业的报酬最丰厚。这个数据能带给我们什么信息呢？先不说，我们先看个简单的例子：

老钟 40 岁了，十几年前，他从名牌大学毕业，带着骄傲与自信进入了出版社，多年来也的确出版过不少好书。

突然有一家互联网教育公司想挖他去做主编。做了多年“正统”编辑，他自然是不屑的。但无奈公司老板十分热情，三顾茅庐之后，他也决定去看看。没想到一进公司的门他就傻眼了。接近 2000 平方米的办公场地，坐了不下 400 名员工，他们年轻又有活力，最不可思议的是，每个人都朝气蓬勃，专心致志地谈着一个个项目。

他走进老板办公室，一个 50 平方米的独立屋子，真是气派得很。聊到出版，老板大方地说：“钟老师，因为您是业内权威，所以才想请您来给我们的新团队把关。您别有负担，我不是为了出书挣钱，赔点也没事的。”

“赔钱也没事？赔钱你还要我干吗？”

“出版我们是捎带脚儿做的，说白了，其实想用图书来给我们公司增加公信力，我们是做线上课程的，如果也能有线下出版物，家长就会更信任我们，我们的附加值也会更多，同时还能做宣传，这个钱花得值。”

老钟做梦也没想到，买卖还能赔钱做。聊着聊着，老板需要紧急开个会暂时走开了。老钟走出办公室，看着这些忙碌的年轻人，仿佛自己也回到了年轻时代，激情满满。

他拉住一个看起来25岁左右的男孩，小心翼翼地问：“你们都这么忙吗？”男孩很自然地回答：“当然，项目制嘛，干得多拿得多，上个月我们部门最厉害的拿了15万，啧啧啧。”

老钟一听，吓得咋舌。15万，是他一年的工资。没想到在一个行业里深耕了快20年，自己一年挣的竟和年轻人一个月的薪水一样。

老钟到底没有答应互联网老板的邀请，又回到了他的办公桌前，只是每每想起，还不禁唏嘘。

“选择大于努力”“方向不对，努力白费”……或许这些话有些夸大其词，如果站在选择的十字路口上，那么真要好好想想，到底哪些行业更容易成功，哪些更能合上时代的节拍。

你可以大概了解一下行业状况和大概岗位路径。

2022年全国城镇非私营单位就业人员年平均工资为114 029元，比上年增加7192元，名义增长6.7%。扣除价格因素，2022年全国城镇非私营单位就业人员年平均工资实际增长4.6%。

表1　2022年城镇非私营单位分区域就业人员年平均工资

单位：元，%

区　　域	2022年	2021年	增长速度
合　　计	**114 29**	**106 837**	**6.7**
东部地区	132 02	124 019	7.1
中部地区	90 52	85 533	5.8
西部地区	100 59	94 964	6.1
东北地区	89 41	83 575	7.6

表2　2022年城镇非私营单位分行业门类就业人员年平均工资

单位：元，%

行　　业	2022年	2021年	增长速度
合　计	**114 029**	**106 837**	**6.7**
农、林、牧、渔业	58 976	53 819	9.6
采矿业	121 522	108 467	12.0
制造业	97 528	92 459	5.5
电力、热力、燃气及水生产和供应业	132 964	125 332	6.1
建筑业	78 295	75 762	3.3
批发和零售业	115 408	107 735	7.1
交通运输、仓储和邮政业	115 345	109 851	5.0
住宿和餐饮业	53 995	53 631	0.7
信息传输、软件和信息技术服务业	220 418	201 506	9.4
金融业	174 341	150 843	15.6
房地产业	90 346	91 143	-0.9
租赁和商务服务业	106 500	102 537	3.9
科学研究和技术服务业	163 486	151 776	7.7
水利、环境和公共设施管理业	68 256	65 802	3.7
居民服务、修理和其他服务业	65 478	65 193	0.4
教育	120 422	111 392	8.1
卫生和社会工作	135 222	126 828	6.6
文化、体育和娱乐业	121 151	117 329	3.3
公共管理、社会保障和社会组织	117 440	111 361	5.5

表3　2022年城镇非私营单位就业人员年平均工资

单位：元，%

登记注册类型	2022年	2021年	增长速度
合　计	**114 029**	**106 837**	**6.7**
国　有	123 622	115 583	7.0
集　体	77 868	74 491	4.5
有限责任公司	98 206	93 209	5.4
股份有限公司	131 720	121 594	8.3
港澳台商投资	124 841	114 034	9.5
外商投资	137 199	126 019	8.9
其他	81 596	79 384	2.8

注：数据表中的增长速度均为名义增长。

数据来源：国家统计局官网

以上是从国家统计局官方网站节录下来的各行业收入情况，你会看到信息技术服务业，也就是我们一般所说的IT行业，收入确实是最高的，金融行业和科技服务业也名列前茅。

了解了行业类型及现状，接下来结合自己的情况，我们一起来看看，如何才能选择适合自己的行业。

第一，要善于发现自己的职业优势

你是不是也发现这样的现象：有的人在一个岗位上坚持了十几年，还是庸庸碌碌毫无作为，甚至随时面临被淘汰的风险；而有的人只工作不到一年便能够独当一面，成为团队中的核心人物。

这就是由于一个人是否在自己的优势领域工作而导致的。

人分内向、外向，更有诸多优点、不足，同时还具备各种特长和经验。如果在职场里能够在自己的优势领域发挥价值，很容易就能做出超越普通人的成绩，甚至达到顶尖水平。

第二，衡量行业所处周期是否合适

任何事物都有周期，行业自然也是如此。

举个例子，厨师行业、印刷行业、驾驶行业、计算机行业、建筑行业等在国内已经非常成熟了，20世纪90年代入行的人，都已经实现了财务自由，这个时候再选择进去，只能赶上成熟期甚至衰退期了，红利已经消失殆尽，成长速度就会慢很多，留给新人的机会也会少很多。

而一些刚刚处在成长期的行业，如社群销售、人工智能、物业服务等，则正处于行业的红利期，有助于个人财富和能力的快速增长。尽量找到目前正在崛起的行业，这样能够最大化加速你的成长。

第三，时刻关注政策导向与行业报告

政策导向决定了一个行业的生死。如果一个行业是国家支持且重视的，甚至有各种创业红利制度，那么就可以去尝试，关注领导的一些重要讲话，里面真的有很多的机会。另外，国家每年都会发布一些职业类的行业报告，从行业报告，我们基本能够了解到市场上一些行业的情况。

提高你的主动收入

选择了好的职业之后，我们要开始考虑提高收入，巧妇难为无米之炊，没有较高的收入会影响财务自由的进程。

对大多数人来说，我们首先是工薪族，是通过付出劳动来获得报酬，这就是父母、老师、领导通常说的要努力工作，把事情做好的原因。但为什么大学毕业后同一班毕业的同学在几年后收入差距会很大呢？

从收入的分类看，我们可以把岗位分为职位主导型和业绩主导型。比如体制内的各个岗位，企业的职能部门、技术部门等一般是职业主导型的，职位高，收入一般就高。比如一般公司的主管、经理、副总监、总监。还有业绩主导型的，就是帮企业拉业务的，业绩为王，职位可以不重要，比如房产中介、保险规划师等。还有一些连锁店的店员、店长、区域经理、城市经理这一类，他们算是介于两者之间。不同类型的岗位的收入提高计划策略是有所区别的。

不过体制内也还有很多走专业路线的，比如大量的医生、教师、研究员。通过体制内的平台，提升自己的专业度和影响力，然后在本职工作之余，开展专业相关工作，也无可厚非。比如大家熟悉的私立医疗机构，节假日有大量的公立医院医生在工作。从国家导向看，人力资源和社会保障部在 2017 年发布《关于支持和鼓励事业单位专业技术人员创新创业的指导意见》，不过落实到具体单位实施的时候，还是有些难度的，毕竟创业或者兼职有时候会牵扯主业的精力，所以在不耽误本职工作的情况下，再考虑副业。

对于企业里面的员工，哪怕是刚进公司几天的前台，你也需要知道公司的核心产品、企业的核心岗位是哪些，然后知道自己所在的部门和职位如何为核心产品和岗位提供支撑。

你的岗位的KPI（绩效考核）是什么？如果单位没给你下，那你自己要为自己设置，想象一下，如果你是老板，你最希望你这个岗位为公司做什么样的贡献。

有一个词很好，叫作“向上管理”！就是你要去管理自己的上级，乍一听，你蒙了，怎么能去管理自己的老板呢？只能老板管我。产生这种理解的原因很简单：是因为大部分人把管理看成了权力，但管理的本质，不是头衔和权力，而是资源的争取和调配。如果读懂了这句话，会对向上管理有个新的认识。向上管理的范畴有很多，如果非要有重点，那么一个比较坦诚、和谐的工作方式可以放在第一位，这一步做好了，那么后面很多问题都迎刃而解。

还有一类职业是业绩主导型的，这部分群体大都是销售。

销售第一个维度是怎样提高业绩。销售和科研人员不一样，它本身是结果导向极重的工作，很看重成功率。你每一次的出门拜访或者线上触达的时候，你的成功率有多高，直接决定了你的业绩。如果概率不高，那就需要在自身技能上下功夫。

销售也分几个水平层次：第一层是你能基本说清楚你的产品的特点和优势，用户买单；第二层是你能找到对方的需求点，提供一个解决方案，用户买单；第三层是你能深刻挖掘出对方的需求，动之以情，晓之以理，以产品、服务和理念多维度获得客户信任。

除了成功率，还有就是你的勤奋度，做销售岗位，勤奋是必不可少的，你的活动量比别人大，你的技能也提高得比别人快，这个没有捷径可以走，两句话就能说完，但是要做到确实是比较难的。比如，别的销售员一天拜访2个客户，你就要看看自己是否能拜访3个；别的销售员一天打20个电话，你就要想办法打50个。

除此之外，保持不断地学习的心态，也是销售人员所必备的素养，因为客户更愿意相信掌握广博知识的销售员。

如果以上你都做到了，那么就是销售的最后一关——渠道为王。

有两个报童在同一个小镇里卖着同一份报纸。很显然，因为他们在相同的市场环境中，最大的竞争就是二人的报纸销量。要多赚些钱，两个报童就要非常努力，在工作时，他们都带着极大的热情投入到各自的工作中。

报童鲍伯很勤奋，每天在街上以洪亮的嗓音挨家挨户地叫卖，常常是汗流浃背，但是他的报纸销量却不高，因此鲍伯很是苦恼。

报童丹尼也很努力，但是同时他把更多的时间和精力放在了动脑上，他不仅每天沿街叫卖，还光顾一些固定的场所，向人们直接分发报纸，在天黑之后再收回来。起初，丹尼的这种举动是有一些损失，但是慢慢地，买丹尼的报纸的人变得越来越多了，还有一些人专门在那些固定场所等待去买他的报纸。后来，买鲍伯的报纸的人变得越来越少，他不得不另谋发展了。

这就是标准的渠道抢占。滴滴打车在推出初期，给司机每单多达几十元的补贴，因为滴滴的想法和报童一样，先把渠道占住，不管自己盈利还是亏损，先想办法让别人用上我的产品，继而发展为只用我的产品，之后等到自己的企业变成“寡头”之后，再考虑利润。

综上所述，如果你是销售，可以用成功率、勤奋度、学习心态和渠道这四个词去重新剖析和审视自己。

第二个维度是销售管理。你自己干得好了，你还得想办法带领团队，无论是汽车销售还是房产中介等，到一定阶段，不光能单打独斗，还得能带领一支队伍，把你的经验传授给他们，使他们能像你一样战斗，这是必经之路。这时候，是对自身管理能力、经营能力的一种挑战，但这条路不能不走，因为不走，意味着你的收入模式太单一了。其实你去想很多商业，都是这个意思，华尔街之王黑石投资集团创始人苏世民在他的书《我的经验和教训》中也提到，黑石不光要培养运动员，还要培养教练员，都有异曲同工之妙。

所以你开始得有一个自己的职位晋升或者业绩提升的计划，并给这个计划定一个阶段性的目标，比如一年内我想要达到什么样的水平，五年内我想要达到什么样的职位，收入达到什么等级。分析达到这些需要具备什么样的核心技能或者职称，然后去主动寻找相应机构，再有针对性地提高。

最后，就是要总结自己的言行弱点和改善调整计划，人无完人，你可以不迁就别人，但是对自己的弱点还是要了解，并适当地加以调整，以便成就更好的你！

如何找到适合自己的副业

你有没有发现，现在的聚会，坐在一起的人都不是很熟悉，大部分都是朋友带朋友。这种略有些尴尬的聚会，入座以后，大家都要有个简单的自我介绍。而且还有个奇怪的现象，就是许多人在介绍完自己的工作领域后，还会特意加一句，就是“我的副业是……”。

现在灵活就业正在兴起，作为公司员工，你有副业，不用低调，可以大张旗鼓地告诉别人，人生是多元的，社会也是多元的，现在副业至少在大城市的接纳度很高，副业的存在，不会被人所诟病。而且主业和副业其实是个相对的概念，从财商的角度看，我们要鼓励自己有多项收入渠道，未来行业的变化实在太快了。最显而易见的例子，比如司机，未来智能驾驶是趋势，司机慢慢会被取代，尤其是货车司机。那你应该尽快有个副业，然后慢慢想办法转移重心。

那到底应该怎样找到适合自己的副业呢？首先你要知道副业有哪些，按照从易到难的层级，我们先分个类。

第一类，“贩卖”时间类。就是单纯消耗业余时间来赚钱的工作，比如送快递、送外卖、代驾、促销员等这一类工作。只要你花费了时间，就能有收益，很简单直接，但是因为技术含量低会比较辛苦，纯体力活，如果你有一技之长不建议首选这种，实在没得干就从这个起步，慢慢做。

小A来北京三年了，一直是便利店的收银员，每天工作7小时。不饱和的工作让他有了一些闲暇时间。后来经朋友介绍，他工作之余干起了外卖骑手，每天20单的额外工作也给他带来了100多元的收入。他的想法很简单，干上几年就能买车跑滴滴了，比外卖骑手挣得更多了。

小B的家庭情况不太好，毕业后留在大城市工作的他，每个月都需要寄回去2000元帮衬家里。对于一个刚毕业的大学生来说，原本工资就不高，又要租房、吃饭，生活过得捉襟见肘。好在他的工作朝九晚五十分规律，于是他就利用下班时间在快餐店多打了一份工，虽然很辛苦，但好在多了一份收入，他也想着每月存下1000元，毕竟积少成多嘛。

第二类，技能类。比如摄影师、收纳师、设计师、心理咨询师、翻译、简历指导师，就是用你的某项技能，直接去帮助别人或为他人服务。

小C年近40岁才随丈夫来到上海，学历不高也没有工作经验的她觉得自己融入不了这个大城市。同乡的小姐妹给她介绍的保洁工作，每天工作繁重也就赚300元左右，实在入不敷出。最近这几个月，她报了目前很火的收纳师课程，一边学习一边帮客户整理积累经验，收入水涨船高，已经超过保洁工作的收入了。

小 D 自己就是做 HR 的，整天想找个兼职，于是找到了她的一个做播音主持的朋友，想看看能不能做兼职录音的工作，给学校录录课程。但是根据朋友的经验，录音对嗓音和专业技能的要求很高，真的没有那么好做。后来，朋友找工作经常叫她帮忙修改一下简历，发现HR的角度确实不一样，简历被优化了不少。于是朋友建议她可以帮别人代写或修改简历，提供面试指导，一次收费 200 元左右。这些都是她擅长的，而且也很有市场，小 C 干得不亦乐乎。

第三类，老师类。比如健身教练、球类教练、乐器教练、游泳教练、驾驶教练、舞蹈教练、家庭教师等，也就是说你有一项技能，然后教别人，你的优势就是比专业机构收费低点，然后更用心些，靠口碑，慢慢积累客户。

小 E 是英文专业的毕业生，毕业后一直在翻译公司工作。月薪 12 000 元，对于在北京生活的他来说刚够花，怎么才能多挣点钱呢？为此，他在网上的兼职招聘中找了几个家教工作，一边辅导高中生英文，一边巩固加深自己的英语知识。就这样，他轻轻松松每月又赚了 3000 多元。

小 F 是驾校的教练，月薪 8000 元，但总觉得不满足。于是，他利用下班的时间干起了陪练业务。很多学员拿到驾驶证后直接就成了他的客户，一次陪练费也有几百块，这可太合适了。

第四类，自媒体性质的。比如你会写文章，你可以开公众号或者各种号，写有价值的资讯和内容，或者现在短视频非常火，你可以拍摄视频或者直播，慢慢积攒“粉丝”，到一定程度了，可以通过广告和带货赚钱。这个做得好，收入是很可观的。但这个的要求其实很高的，关键在于持续输出有价值的内容。

小G一直在互联网公司上班，身为媒体编辑的她已经在这行里摸爬滚打了七八年，这几年赶上抖音、快手等一众新兴网络平台崛起，她也赶潮流自己做了个公众号，专门爆料工作中接触的各种明星的小道消息，没想到关注的人很多，每月都有好几万元的广告收入。

小H是一家健身房的私教，由于多年的工作经验，积累了一些老客户，收入还算不错。可随着疫情的到来，健身房也关门了，这可把小H愁坏了，他不想和同行一样去做微商，怎么办呢？偶然的机会，他做起了线上私教。每天，他都会拍一些短视频，同时直播带“粉丝”一起锻炼，在线上分享一些方法，销售一些蛋白粉。没想到，几个月下来收入竟然远超原来私教的工资了。

第五类，“小微”创业性质的。比如你和朋友合开一家奶茶店、民宿、咖啡店、网上淘宝店、婚姻中介等，这类就是合伙经营式的，要有合理的分工，要有主理人，这个有点像创业性质的。

小I是个标准的白领，上班8小时，下班姐妹淘。两年前，她和朋友合伙一起开了个花店，刚开始生意惨淡，经过半年的努力，积累了不少客户，每天流水也有1000～2000元。除了投资时拿了8万块，她只是有时晚上去帮忙看看店，周末没事过去溜达溜达。成本早就回来了，现在每个月她还能分到1.2万元左右，这个投资让她感到很满意。

小J不善言辞，在同事眼里也是标准的IT男，但他技术过硬，一般人做一个月的工作他只用半个月就能做好，且错误极低。于是他的朋友找上了他，想在下班之余帮他接点"私活"。小J一看收入能增加，也很爽快地答应了。于是，朋友主外，替他拉活儿，他主内，下班就在家写代码。两年时间，小J竟然攒够了在北京买房的首付。

刚开始的时候，副业宜精不宜多，从你自己熟悉的领域开始做起，找找商业感觉。

首先，要清楚地知道自己选择兼职的目的是什么。要根据兼职的目的，来选择不同种类的兼职。如果只是想挣钱，那么，钱多、自己能够胜任的工作就可以，可能会很累，但是很值得；如果是为了提升自己，那就不怕苦和累，钱虽少，但是可以提升自己。

其次，要有坚持下去的决心。任何工作都是非常辛苦的，兼职工作更是如此。本职工作就已经占据了你很多的时间和精力，还非常消耗体力，兼职工作也是一样，所以，要做好苦和累的准备。最后，既然决定做兼职，就要留心身边的机会，抓住机会，为自己增加收入。

以上这些都想清楚了，接下来就需要落实。第一步，就是要打磨你的产品模型。比如你想教授健身课，就要先找几个朋友或者别人推荐的朋友，你去教她几节健身课试试，然后让她给你提建议，觉得有没有系统，应该做哪些改进，什么价位能接受。产品打磨到差不多，这里的差不多指的是，还有完善的空间，如果一个人体验完你的产品后，愿意推荐给另一个人，做到这个程度就可以了。

产品打磨好后，就开始销售。在商业环境中，销售是个特别重要的环节，几乎与产品研发等同，你会发现很多公司的老板，其实自己本身就是优秀的销售。

如果你的副业，有人持续转介绍客户给你，那你的副业基本是靠谱的。接下来要做的就是坚持，坚持意味着会有持续的客户和稳定的现金流，对你后面的财务规划有很好的补充。再接下来，就看你自己是否还需要扩大规模，是否真的需要在主业和副业中切换，那就要看你对生活的预期和事业的追求了。

Part 7

创业者和自由职业者如何逐步实现财务自由？

如何选择适合自己的创业项目？

不管你创业的初衷是什么，创业的基础如何，创业投资之前你都应该先分析一下自己，认清自己属于哪种类型的创业者，评估自己的创业能力，在此基础上铺开创业之路。

要了解自己，可以问自己以下几个问题：

我的特长是什么？

我对什么感兴趣？

现在我了解什么？

我愿意去了解什么，学习什么？

一般来说，在我们擅长的领域或感兴趣的领域创业，更容易获得成功。因为你熟悉这个行业的创业方式，你在工作中也积累了一定的经验，这样在创业时就可以少走弯路。许多成功的创业者，他们所选择的行业都是老行当或与所从事职业密切相关的行业。

除了兴趣，也要选择有市场前景的行业。准确地说，就是选择朝阳行业，选择市场的空白点，以及在尚未饱和的行业选择创业。

万事开头难。对新手来说，晚上想好千条路，搞不好第二天起来还是卖豆腐。为什么？因为创业的起步需要太多衡量的因素和准备的内容。在这里，我们先讲如何选择一个适合自己的好项目。

1. 低成本、低风险、轻资产的行业是首选

新手起步缺什么？缺的太多了，钱少、人手不够、资源没有、专业经验可能也很匮乏……基于此，成本高、操作难的行业，一般都不适合新手创业，毕竟新手刚开始都要试试水。

举个例子，你想开一家服装店，算上房租、水电费、货品费用、人工费用，最少也得准备个十来万。店开好后你还得和周边的许多服装店竞争。这还不如摆地摊来得实在，门槛低，进一些货就能摆，但是多数人不愿意做，因为跌份儿。但其实很多大公司一开始也只是一两个人的小作坊。

小 A 毕业了，他发现并没有什么适合的机会，于是在家人的资助下和几个朋友合伙开办了一家工厂，拿出了所有的积蓄做文具批发生意，仓库库存几个月压了 80 万元。

虽然有库存，但一开始他们还是赚钱的。可一年过去后，原来的老文具被新的产品所替代，这可麻烦了，有了一仓库的积压货。几个人没办法，努力了好几个月也没销售出去，只好当废品卖掉。小 A 也和朋友们一哄而散，各奔前程了。

如果你实在不愿意从低做起也没关系，那么就尽量避开传统行业，因为传统行业往往过于成熟，熟手太多，不适合你发挥。

那么低成本与低风险的行业都有哪些呢？

（1）心理咨询室。

（2）剧本杀门店。

（3）就业及置业咨询。

2. 找到竞争小、利润高的项目

对新手，当然对所有创业者来说，竞争小、利润高的项目是最好的。这就不得不提到这两年比较火的拼多多无货源店群。

拼多多用户数量大，但是商家少。无货源模式是新型销售模式，不用进货、囤货、发货，只需要去货源网采集商品，然后上架到自己的店铺就可以了。而且可以做店群，因为没有那么多麻烦的操作，一个人开七八家店完全操作得过来。

那么竞争小、利润高的行业都有哪些呢？

（1）微信销售社群。

（2）速卖通全球销售网。

（3）线上短视频制作主播。

3. 找到精力投入少但回报高的项目

巴菲特有一个非常经典的投资理论：少就是多。

我们如何去理解这个理论呢？巴菲特认为，买的股票越多，就越有可能购入一些处于你知识盲区领域的企业的股票。你对这个领域一无所知，你不明白人家怎么赚钱，不明白人家怎么赔钱，更不明白人家如何明明赚了钱却不让股票持有者赚钱。的确，你只有对股票了解得越多，你的风险才会越低，收益也就越好。所以，集中精力做好一件事其实更有助于我们获得成功。

在古代的巴比伦城里，有一位名叫亚凯德的富翁，他详细地说明了投资致富的法则。

在穷人眼里，少用就是多赚。例如开一家餐厅，收益率维持在100%，当初的投资为 2 万元，一年的净利润就是 2 万元，对于穷人而言这已经非常不错了。即便穷人自己有钱，也舍不得往外拿，即使终于下定决心进行投资，也害怕冒险，始终还是走不出那一步。

但是在富人看来，手里的钱不是攒出来的，而是生出来的。同样是开餐厅，富人就会这样想，投资一家餐厅仅需 2 万元，若是有 1 亿元资金，那不是要开 5000 家餐厅？要管理好，大老板就要操碎了心，不知道要累白多少根头发呢！倒不如投资开酒店省心，一个酒店就足以消耗全部的资本，哪怕收益只有 20%，一年的时间也可以有 2000 万元利润呢！

通过这个案例我们能够明白，好的项目要能集中我们的精神，让我们能够把精力集中在一个点上，而不是东抓西抓、累死累活、没有重点。

那么精力投入少但回报高的行业都有哪些呢？

（1）委托式猫舍。

（2）实体店货源提供者。

（3）盲盒机或口红机。

原来说三百六十行，工业时代衍生出了岂止三千六百行，如果想创业，就不要心急，静下心来慢慢找到最合适的再为之付出努力。

需要注意的是，以上提及的行业只是建议，具体要不要做或怎么做，必须根据市场变化和自己的实际情况定。

经验的积累，是创业不可省略的前提

托马斯·金曾受到加利福尼亚的一棵参天大树的启发：

“在它的身体里蕴藏着积蓄力量的精神，这使我久久不能平静。崇山峻岭赐予它丰富的养料，山丘为它提供了肥沃的土壤，云朵给它带来充足的雨水，而无数次的四季轮回在它巨大的根系周围积累了丰富的养分，所有这些都为它的成长提供了能量。”

即使在商业领域也是如此。那些学识渊溥、经验丰富的人，比那些庸庸碌碌、不学无术的人，成功的机会更大。

汉姆在一个律师事务所任职三年，尽管没有获得晋升，但他在这三年中，把律师事务所的门道都摸清了，还拿到了一个业余法律进修学院的毕业证书。一切都为开办自己的律师事务所奠定了基础。然而也有不少在律师事务所工作的人，按从业时间来说，他们的资格够老的了，但他们仍然担任着平庸的职务，赚着低微的薪金。

两者相比较：前者立志坚定、注意观察、勤于思考、善于学习，并能利用业余时间深造，他必将获得成功；后者恰恰相反，不管他们是否满足于现状，只要浑浑噩噩地混日子，是永无出头之日的。

既然经验的积累如此重要，那么在日常生活中创业者该如何去做呢？

1. 利用好图书馆

创业者在创业前须先积累相关的专业知识，而图书馆正是提供给你这方面知识的良好场所。在阅读的过程中，重要的地方，你可以记录下来，在平时的闲暇日子多翻翻。有了足够的知识积累，你不但会形成有体系的创业思维，而且还会打开眼界。

2. 利用好媒体

现在创业方面的资讯非常多，如《21世纪人才报》《21世纪经济报道》、中华英才网等，都能为你提供一手的创业信息。很多新鲜的事物、想法、点子就可能隐藏在其中。除此之外，丰富的创业案例和知识，也能为你进一步补给养分。

3. 利用好工作经验

在创业之前，很多人选择就业。人们常说“欲创业，先就业”。一是因为没有资金，二是因为没有经验。为他人打工几年，积累足够的工作经验，对于创业者来说是十分必要的。到那时，他们已经对本行业的情况足够熟悉，收集信息、整合资源的能力大大提高，也构筑了自己的人际网络，再加上有了可以创业的资本和人才，就真正具备了创业者的素质。

4. 利用好身边的成功人士

不用去寻找什么创业大师，你身边可能就有很多有创业经验的人。

如果你留心观察，在他们那里，你一样可以得到很多的创业技巧与经验，而且更直接、更真实。这些经验要比书本更能带给你启发，也更符合现实。

另外，你平时就应主动接受职业价值观方面的教育，并进一步了解自己的兴趣、特长，为今后创业、确定职业目标奠定基础。几年的工作经验，你将对专业领域里市场的需求和发展前景有更好的把握，并能在实践中不断自我反馈，不断调试自己的创业方案，以初步确定适合自己的职业选择。

以上就是一些积累经验的方法，而经验必须是在经历了兢兢业业的工作、不懈的努力之后，提炼出来的心得。除此以外，作为一个立志创业的人，你必须拥有明确的目标、充足的干劲，以及活跃的思维。这些在你的创业过程中，一个都不能少。

市场调查是基础中的基础

“知己知彼，方能百战不殆。”兵法上的战术，亦可应用到商场上来。创业，就是在向其他的经营者挑战。没有做足市场调查，你就发英雄帖，可就太冒失了！市场上蕴含着千百种的信息和资源，很多都需要你在创业前掌握和了解。如果你只是在那里闭门造车，不了解一下市场行情，恐怕一到市场上就被人挤了出来。

1899 年 7 月的一个深夜，还不满 30 岁的巴鲁克依旧通过广播的方式关心着美西战争的进程。突然，他听到了一个重要的新闻：在圣地亚哥，美国海军将西班牙舰队打败了。于是，巴鲁克立即推断：“美西战争将会告一段落，若在这个时候买进股票，肯定能够大赚一笔。”第二天早上，巴鲁克以最快的速度从自己的家中赶到了公司，在私人证券交易所十分轻松地购入了大量的股票，并真的成功了。

不打无把握的仗，这对于每个创业者来说至关重要。

市场调查能帮助你从客观的角度把握市场环境，加深对你将从事的行业的了解，进而了解顾客的需求。而且往往在调查的过程中，创业者能发现新的市场和需求。同时，还可以及时掌握竞争对手的经营状况，洞悉对方产品或服务的优缺点，以供以后自己创业参考。该如何进行市场调查呢？你可以按照如下步骤进行：

1. 明确调查目标和问题

开始调查之前，你首先应明确调查目标，确定调查的市场范围，然后拟定调查问题、调查对象，如消费者群体有多少、市场需求情况如何、同类竞争者的情况、这些竞争者是如何分布的、他们的产品都有什么特点等。

2. 开始调查

你应当通过实地市场调研考察、搜索网络、咨询相关消费群体等方式收集相关信息，这样一来，你就能获得初期的资料。接着，寻找那些业界的成功者，仔细观察他们的经营方式、特点等，作为你创业的参考模板，这样，你将获得更多有价值的信息。

3. 专业咨询

除了收集资料，你还应当征求一些专业意见。比如向身边认识的有关专家和精通该行业的人员咨询更深入的信息，以加深对行业内信息的了解。但是需要注意的是，只能把专家的意见作为参考，不能过分迷信。

4. 整理和分析资料

资料收集完后，还需要对它进行后期的编辑整理，核对资料是否有误，或者是否偏离了你的预期。再结合上面的全部资料，得出最后的结果。

在调查的过程中，你可以采用如下调查方法：

（1）询问调查法。这是一种专门针对市场上的消费群体而进行的调查方法。调查人员通过面对面交谈、打电话、发邮件等方式，询问被调查者问题，以了解市场情况，获得商业信息和材料。

（2）观察调查法。观察法，是调查者亲临现场进行实地调查，记录相关数据或经验的方法。它最直观，也最能反映竞争对手的实际情况。客流量的多少、营业额大概多少、商品的价格如何、服务态度如何、是否还有潜在顾客，他们还有哪些地方需要改善等，都是调查者需要注意的问题。

很多成功的企业家非常注重市场调研，每隔一段时间就要到市场上看看。在他们眼中，市场是检验企业产品的试金石，在那里，企业产品的优势与不足都能清楚地展示出来，并且还能发现产品的发展趋势。企业就可以根据这些改善经营策略，使企业始终在竞争中占领先机，立于不败之地。

合伙创业，一定要慎之又慎

俗话说“一个好汉三个帮”。创业路上找一些志同道合的人结伴而行，将解决你单打独斗的许多麻烦。尤其是在这个竞争日趋激烈的时代，合伙可以让你的创业之路从不可能到可能，从小打小闹到大规模作战。但是，如若合伙人之间发生内讧等矛盾，也会使创业之路难以为继或将创下的基业毁于一旦，所以合伙创业要慎重，特别要处理好以下几个问题：

1. 厘清选择合作的原因

当单个创业者没有足够的力量扛起创业大旗时，可以找一些人合作。合作可以使项目更好地实施，可以使合作双方资源共享，可以使自己变得更强大。合作方式有项目与项目的合作、项目与人的合作、项目与技术的合作、项目与资金的合作、项目与社会资源的合作等。

2. 合作目的与目标

合作者要有相同的目标，因为有了共同的创业目标，才能走到一起来，所以目标一致与否对合作有着很大的影响，也是能否找到合作伙伴的重点。利益的合理分配是合作伙伴选择你的主要原因。当你有了任何一种资源的时候，在选择合作者时，看中的合作伙伴也必然有很好的可合作资源，这种资源就是你的合作目的，目标是在行业上的定位，有了清楚的合作目的和目标，合作才会顺利。

3. 合作伙伴的职责

合作初期，创业合作者要明确合作伙伴的各自职责，不能模糊，要能拿出书面的职责分配方案。因为是长期的合作，明晰责任最为重要，这样可以在后期的经营中不至于互相扯皮，推卸责任，好多的创业合作中出现问题，就是因为责任不够明晰。

4. 合伙投入比例及利润分配

合伙投入比例是合作开始双方根据各自的合作资源作价而产生的。因此投入比例和分配利益成正比的关系，也要书面明确。当然根据经营情况的变化，投入也要变化，在开始的时候，就要分析后期的资金或者资源的再进入情况。如果一方没有融资的实力，那另一方的投入会转换成相应的投资占有股，来分配投入产出的利益。根据双方约定的书面分配合同分配双方的利润。

所以，当选择合作创业时，除了注意到它的好处，更要处理好合伙创业中的各种问题，使创业之路更顺畅。

适度杠杆：如何打开融资渠道提升融资额度？

创业，是这些年时髦的事儿。国家号召大众创业，万众创新。如果你在一二线城市，你会接触到很多创业者。但其实创业不是适合所有人的，小米创始人雷军讲“创业不是人干的，是阿猫阿狗干的”，可想而知，其挑战和难度是非常大的。

创业也分两个概念，一是自由职业者，二是做企业。一开始自由职业者能赚取利润养活自己，也算是一种微创业，是一种很好的模式。然后再想着慢慢扩大规模。

做企业一般不会一帆风顺，你所看到的风光的企业是凤毛麟角。企业经营考验的是创业者对企业的综合驾驭与掌控，这也是一种隐形财商，需要先天因素和后天努力的共同加持和作用才能完善，而创业团队只有通过在实战中历练，才能发现并解决一系列问题，这也是通向成功的唯一大门。

一个人要知道自己擅长什么、能做什么，同时更要知道自己不擅长什么、不能做什么。

刘邦带兵打仗，阵前犹豫。他意识到这个问题后，跟手下的谋士张良说，你是聪明人，你来带兵吧。张良推辞了很多回，说自己只能运筹帷幄，却不善于杀伐决断。直到刘邦生气了，张良才迫不得已带兵出征。果不其然，出征三次，输了三次。

后来，刘邦启用韩信，在张良和韩信的配合下，屡战屡胜。这时，刘邦又坐不住了，为什么韩信行，我不行，我得再试试。结果又带兵出征两次，还是输了。自此，刘邦就明白了自己的问题：我只负责告诉他们要打哪里，至于谁去打、怎么打，还是让专业的人来做。

现在也是一样，房地产的老板绝大多数连和水泥都不会，但是他能买地、盖房再卖房，挣的钱是工人的几千倍不止；互联网的老板绝大多数不懂代码，但是他能把这些代码变成价值，并把价值放大几万倍不止。

这就告诉我们，我们要对自己有一个清晰的认知，知道自己擅长的领域和不擅长的领域，然后带着和自己互补的团队，不断往前走。

在这里，我们把创业要注意的几个方面给大家来理一理，首先来讲一讲创业要做的准备工作：

（1） 搞清市场需求，痛点到底在哪里？

（2）是不是伪需求。弄清楚市场规模到底多大，目标群体是谁？在哪里？

（3） 怎么找到目标群体？

（4）拿啥来满足市场需求？

（5）自己有哪些能力或者产品可以帮助满足市场需求？

（6）这个体系又将如何从不稳定逐步发展到稳定下来？

（7）打算分为哪些步骤开始实施？

如果没有想清楚这些，只想着赚快钱，恐怕很容易碰壁。当然碰壁也不怕，勇于尝试是第一步，永远值得鼓励和支持。

有了上面这些初步准备，你要分析一下你的优势。所以接下来你要想：

（1）你的优势有哪些？

（2）如何才能有效发挥出你的最大潜能？

（3）为什么这件事你来做能成，万一有个更有钱的组织来做怎么办？

围绕这些思考，你才能打造核心竞争力，实现长远发展。

刚开始创业，别总想挣快钱，只要踏踏实实地发挥你的优势和长处，让你的项目持续成长，由量变到质变，生意自然会一步步从小变大。

在把生意从小做到大的过程中，一般需要关注三个关键问题：如何找项目、如何找钱及如何找人。

1. 找项目

我们建议从身边就近找项目，自己不熟的项目不要做。因为创业成功需要有一定的经验积累，突然进入一个自己并不熟悉的行业，会让失败风险骤增，如果不是自己所熟悉的行业，可以先打工学习积累经验。

在找项目时，人脉比资金更重要，人脉也是一种信任和资源，在你早期刚起步的时候，需要身边的人帮你一把，这个很容易理解。比如你开个店，你肯定希望自己的朋友来光顾一下；我们刚开始做行业公众号的时候，肯定希望身边的人关注。

对一般的创业而言，最主要的两种人脉是上游供应商和下游客户群。当你有熟悉的供应商提供很好的货源和有竞争力的价格的时候，你会想到创业，甚至你了解这些供应商，把他们的需求变成你的创业项目，或者你认识很多朋友对某个品类的产品有很大需求的时候，你会有点想自己干的冲动。当然有关互联网的很多创业，都是先提想法，然后想办法融资，做出产品，获得用户，看数据，再融资。互联网项目也有很多做死了的，因为归根结底要看你的盈利状况。

所以说，找创业项目，要根据自己的特长、优势和资源来考虑。很多人创业会从代理、加盟、贴牌或挂靠，给其他企业做配套项目干起，这样做的风险相对会小，也不失为一种很好的创业。网上搜一下各种加盟网站可以了解一些项目，比如餐饮行业、美容美发、修脚按摩等越来越多的连锁机构都是这样的方式，既当老板又当员工，自己对自己负责，我觉得都是很好的尝试，直接自主开发新项目，对人的要求及风险系数都要高得多。

2. 找钱

创业找钱是非常困难的一件事，一开始的时候，就是只有一个想法的时候，你本人及你的家人、朋友往往是最主要的资金来源。哪怕是自己的钱，最好也要设定一个线，公司是公司，家是家，初期投入多少，万一不行有可能再投入，有个大概的计划。而不是干着再说，要钱到时候再凑，没有一个统筹规划往往最后一团糟。在进入创始期，有一定的模型和产品后，你可以去找天使投资、政府扶植基金、科技孵化器等其他资金来源。当企业进入成长期，风险投资机构就会进入。企业进入成熟期，各种投行会介入。

高瓴资本的老板张磊，十五年前一无所有，如今已掌管了上万亿的资本。你不认识他没关系，但你一定熟悉他所投资的企业：腾讯、京东、美团、滴滴等数个互联网企业，且还都是盈利十分可观的领军企业。

为什么他越投越有钱，越投越厉害？

他说："我要投一家公司，只看四样东西。

"第一，创始人有没有格局，格局够不够大；

"第二，创始人带的团队有没有执行力，能不能把战略做到精准执行，甚至做到精准到位地完成每一个小目标；

"第三，创始人对所属行业有没有专注度；

"第四，创始人对自己的能力有没有一个很清晰的边界认知，即知道自己的能力极限，认识自己的能力壁垒等。"

马云对他的投资者说，我这辈子只会做一件事，那就是阿里巴巴。简单的一句话，瞬间吸金无数，引来了风投，因为真正有能力的投资者都知道，任何一件事，做三年就能进圈，做六年就会成为专家，做十年就是权威，做二十年绝对是业内翘楚。一辈子只专注做一件事，失败的概率极低。

正因为马云的专注，张磊决定投钱给他。所以我们也要看到自己身上的决心与闪光点，在找钱之前先审视自己，如果你是投资人，你会不会把宝押在自己身上?

3. 找人

对初创公司而言,如何找到适合自己的员工、管理层,甚至是合伙人?

要团结一切可以团结的人和力量，用谈恋爱的思路去找人。雷军也说过，他当年创办小米的时候，80% 的时间都在找人。

在创业过程中，你所需要找的这些人和你在一起的时间可能比你和家人在一起的时间还要多,所以要用找伴侣的标准,去发掘惺惺相惜的人,花时间和这个人长时间泡在一起，然后才能知道他是否适合你这个企业。

太多的创始人一开始请不起人力资源总监，创始人亲自招人招得不错。等拿到钱了，人力资源总监一到位，公司招人的事情人力资源总监负责，就开始出问题。要知道，马云一直坚持亲自面试直到阿里巴巴达到 500 人的规模。一个行政经理招的人最后也就是行政经理，而马云招的前台就有可能成为副总裁。所以,建议创业者在创业规模并不大的时候,用人要严格把关。

从四个维度寻求发展突破的可能

1. 资本突破

优化商业模式，多渠道融资特别是优先采用股权融资，吸纳外部资源性或管理型合伙人，也可吸纳内部优秀管理者成为合伙人，这样既解决了企业发展资金问题，同时也优化了管理团队。有了资金后，你可以投在需要的地方，比如优化产品、扩大生产、市场推广等。

2. 品牌突破

如果你的企业在当地有一定的口碑或在国内有市场，则可以规划设计一套连锁发展模式和招商政策，从本地区周围市县到逐步在全国发展代理加盟商。众多连锁品牌甚至上市公司，如晨光文具、绝味食品等都是这么发展起来的。

3. 竞争突破

这里指的是加盟同行业知名企业或出售控股权。目前随着各行业从自由竞争走向垄断竞争，单打独斗的企业会越来越难，明智的做法是趁早加入品牌企业保持竞争力，或出售部分控股权给优势企业以保存多年的经营成果。

2010 年 3 月 28 日，吉利与美国福特汽车公司正式达成协议，愿意出资 18 亿美元收购福特旗下的沃尔沃汽车，并且获得沃尔沃汽车公司 100%

的股权和相关资产，当然也包括知识产权的部分。有关专家指出，在这样一个特殊时期，正处于高端汽车转型时期的吉利牢牢地抓住了这次金融危机的机遇，非常顺利且成功地收购了沃尔沃，这将是中国民营车企迈向国际化所取得的非常具有代表性的成功事件，而且，浙江吉利控股集团董事长李书福也一度成为众人眼里最幸福的中国人。

吉利并购沃尔沃是国内汽车企业第一次成功完成收购一家具有百年历史的全球性著名汽车品牌，并且首次实现了一家中国企业对一家外国企业的全品牌收购、全股权收购及全体系收购。这在中国汽车史上是一个传奇。

吉利并购沃尔沃并不是一朝一夕的事情。其实，早在2002年时，李书福就产生了并购沃尔沃的想法。李书福觉得，中国在采购与研发等方面存在着成本优势，在这种优势的推动下，必将提升沃尔沃汽车在全球的竞争力。

跨国并购需要完成多种生产要素的国际流动，其中包括管理、技术、信息和市场等因素。跨国并购在最终产品上减少了国际贸易，与此同时，还在中间产品上通过市场内部化增加了国际贸易的份额。

加盟经济以其双赢的魅力成为当今世界的主流经营模式。如今，已经有很多地方流行特许加盟的创业方式，不管是零售、餐饮，还是干洗、健身，很多人都选择这种大树下面好乘凉的经营方式——开加盟店。

4. 多元突破

由于客观因素，现有的企业本身突破可能性小，那可能的选择是维持经营的同时选择适当多元化，即投资有前途的新业务，开辟一个新战场，不把鸡蛋放在一个篮子里，东方不亮西方亮。

Part 8
做好风险管理规划，财富只会越来越多

人生中的风险——导致贫穷的五大因素

从学校出来后，我们每个人都会进入社会。细算下来，挣钱的时间只有短短 35 年，而花钱却贯穿了我们整个人生：

0 岁到 25 岁，教育期，衣、食、住、行、学全要花钱；

20 岁到 60 岁，工作期，一边赚钱，一边养家；

60 岁到以后，退休期，除了生活费，还有一部分要交给医院。

所以，一个残酷的现实是：我们要用 35 年左右赚的钱，来养活我们整个生命周期。

所以，我们的人生面临着最重要的一个问题：如何把有限时间内挣到的钱，合理地分配到整个人生当中。而且，还要为人生各个阶段可能出现的各种风险，做好应对措施。

接下来，我们先来看看人生中可能遇到的五大风险。

1. 无法预料且难以避免的意外风险

据统计，我国每年因意外死亡的人数约为 100 万人，平均每 1 分钟就会有 2 人意外死亡，其中交通事故死亡 8.76 万人，平均每 6 分零 4 秒死亡 1 人，意外重伤每分钟 1 人，轻伤每分钟 3.2 人。

当我们遇到意外的时候，肯定是不能工作的，不能工作就没有收入，还需要支付昂贵的医疗费用。假设一个人有 50 万，本来是放在基金中的，但出了意外只能在投资还处于浮亏的时候把钱提出来。一个意外，就带来了三种损失。

2. 令人无能为力的健康风险

世界卫生组织的一项数据显示，人一生患重大疾病的概率高达 72.18%。更严重的是重大疾病的发病率仍在持续上升。某大城市疾控中心发布消息称，根据最新统计的癌情监测数据显示，目前平均每 100 个人中就有 1.79 人是癌症患者，平均每天新增癌症患者 150 人，每天有 100 人死于癌症。

因病致贫，这个不用多说，相信我们身边有很多这样的例子。

3. 不得不面对的职业风险

职业风险，说的是你现在可能有一定的收入，但是未来行业的变化更替很快，你可能会遇到中年危机。

小 A 今年 42 岁了，她的工作是在高速路口收费，在这个岗位上，她已经干了十几年。但近几年，大家都用 ETC 刷卡，大部分的收费站也都提供线上支付服务，还有一些高速公路的收费时限到了，所以公司开始大量裁员。

原本一个站点配了三十几个收费员，现在就留下十个人，还是两班倒性质。小 A 也很犯愁：你现在不让我干了，我干什么去啊？

这里我们暂且不从劳动法的角度讨论，从职业的可替代性看，像收费员、生产车间工人等相对机械性、简单重复类的工作，肯定是最先被淘汰的。还有一些小生意，比如我们常见的修车师傅。一般来说，自行车打气不要钱，只靠补车胎什么的挣点钱，顺便帮周边社区邻居修点东西，说不上多富裕，也能勉强维持生计。但是最近几年，是不是看不到修车摊了，为什么？共享单车来了，很多人不需要修理自行车了，需求锐减，生意青黄不接，干脆只能撤摊了。

未来竞争会越来越激烈，所以你只能保持一个终身学习的态度，比如这个修理工能在业务比较红火的时候拓展点业务，修个鞋、改个衣服，扩展一点业务成为社区便民中心，然后考虑下一步有没有机会扩展营业点，这可能就变成了另外一种路径了。

世上的工种和生意有千千万，我们总归要考虑未来的职业变迁或者行业变化，你的技术含量和可替代性高不高。现在不考虑，未来生活总有很多手段来治你。

4. 愈发严峻的养老风险

养老是所有人都将面临的问题。

假设你目前30岁，计划55岁退休（按男女退休平均年龄计算），退休后在没有任何病痛的情况下享受20年的生活。现在每月生活费用按2000元，通货膨胀率按4%计算，那么25年后即60岁时的生活费为5334元／（月·人）。

20年的生活费为5334×12×20=128万元，此处忽略退休后的通货膨胀。

或许你会觉得自己有养老金，但我们也都知道，国家的养老负担越来越重，而社保只是一个最基本的温饱性保障。你还依赖社保吗?

5. 双刃剑——投资理财风险

你不理财，财不理你。当你有钱时，如果不去理财，随着通货膨胀的到来，你的钱就越来越不值钱了，相当于在贬值。买一些保险、基金、股票，是可以规避这方面的风险的。有一套好的投资系统或者逻辑是很重要的，它会让你在风险可控的范围内投资。风险是相对的，比如走钢丝，对没有受过任何训练的人来说是非常危险的。然而对杂技演员来说，风险基本可控。

专家说："收益率超过6%就要打问号，超过8%就很危险，10%以上就要准备损失全部本金。"他还提示，一旦发现承诺高回报的理财产品和投资公司，就要相互提醒、积极举报，让各种金融诈骗和不断变异的庞氏骗局无所遁形。所以有了钱之后，千万要防范资金风险。

小B在2010年前后赚到了几千万，身边的朋友也知道他有钱了，有各种要应急的事的时候都找他借，他一时不知道怎么应对，又讲哥们义气，就分别借了好几笔出去。

可借出去容易，要回来就难了。当小 B 想要把这些钱要回来的时候，朋友们要不躲着他，要不就哭穷，甚至还有赖账的，总之没有一笔是顺利要回来的，最后弄得打了官司也没要回来多少。

所以，民间借贷一定要注意，咱都不用说那几百上千万的，即便几万块的临时借贷，有时候都会闹出矛盾来。除了借贷，还需要注意的就是担保，担保的隐秘性更高，因为你在做担保的时候不会拿钱，你可能会觉得没问题，但是担保同样负有相应责任，担保的时候觉得可靠，往往后面隐藏着巨大风险。

2020 年还有个有趣的现象，就是比特币的暴涨。许多人都为错过这两次一夜暴富的机会而感到惋惜，也会偷偷嫉妒身边那些赶上了风口的人。但没赶上也不要紧，因为有胆量碰这些的人，都是九死一生。

记住，投资不是赌博，不是一时的行为，永远都别遗憾自己错过了什么，错过 100 次暴富的机会都没关系，因为也避开了失败的陷阱。

特殊情况下如何管理和规避风险？

对全人类来说，2020—2024 年都面临着特殊且严峻的挑战。

2021 年以来，全球十大经济体狂印钞票，超过了 2008 年以前人类 5000 年文明发行货币的总和。或许你不懂经济，但你一定明白，钱多了，东西就不值钱了。现在，北美等多地房价暴涨，因为美股里泡沫太多。

虽然美国、欧洲离我们很远，但终将部分转嫁或波及我们。

值得一提的是，在疫情之前，本来美国的一部分企业离破产就仅差一次经济衰退。而在这次危机中，即将走向破产清算的企业数量之多，已经让人们对美国经济能否恢复如初产生了严重的怀疑。

美国可以无限印钱吗？

当然不能。美国印钱的行为，其实很像发行国债，而这种操作模式会波及其他国家的国债。

明确了美国不会无限印钱，接下来就看看美国前几年“直升机撒钱”行为给我们的生活带来了哪些变化。

1. 原材料涨价带来的消费品微涨

自美国印钞以来，生产一线的人就能明显感觉到各种原材料都在疯狂涨价。比如纸（纸浆）涨了 60%，铁涨了 200%，铜涨了 60%，石油更是暴涨300%。为什么涨价？难道铜、铁、石油都不开采了吗？纸浆没人提炼加工了吗？肯定不是。是因为美元多了，买进贵了，卖出自然也便宜不了。

2. 波动较小的资产是不错的投资选择

既然多出来的钱对民生影响不会太大，那么钱会去哪儿呢？流入资本市场，也就是我们所说的股票、基金、黄金、房地产等。

几轮印钞之前，一个公司能否发展起来的决定性因素是人才等级、技术水平、行业前景、投资风险。印钞之后就比较麻烦了，公司的发展更大程度上要考虑投资方的态度。投资方手握重金，他不投，你就无法融资扩大规模。

那么，公司的发展受限，对我们的影响是什么呢？即富人的钱会更多地投资到核心地段的房产、贵金属、消费性保险中，而大树底下好乘凉，这些投资方向也将是我们不错的选择。

3. 即使已经亏损，也不要着急

历史上最大的金融危机也不过持续了五年，所以就算你的钱在股市里无法拿出来也没关系，就算亏得再多，也只是暂时的。放平心态，总有反转的一天。

上班族，你掉进这些理财陷阱了吗？

理财规划真的那么重要吗？或许从下面这个故事中你能体会到：

有一个原本幸福的家庭：一对四十多岁的夫妇，收入稳定，没有小孩，是典型的上海白领阶层。妻子原是浦东某中学的一名教师，丈夫则是上海某报社的一名编辑，而且喜好写作，有额外的稿费收入。

然而天有不测风云，妻子在医院查出患了癌症，一年后丈夫也在单位体检中被查出患了癌症。为了治病，他们自付的医药费已近30万元，几乎是他们所有的积蓄。夫妻俩以前只买过养老保险，没有买重大疾病保险。目前，两人每月自付医药费高达七八千元，而他俩每月只有1800元的病休工资，加上还有29万元的房贷尚未还清，家庭顿时陷入了严重的财务危机。

从这个故事中，我们可以强烈地感受到理财规划对于人生的重要性，因为，这样的家庭财务危机完全可以通过合理的理财方式来避免。然而，理财的陷阱多多，上班族，请小心别掉进这些理财陷阱里。

陷阱一：糊涂生活

中国老人和外国老人有着完全不同的生活。在发达国家，一些有钱的老人过着让人羡慕的“银发生活”，他们尽情地环游世界，过着想要的生活。而在中国，有许多白领一族，年轻时不懂理财，退休后却用他们毕生赚来的养老金在股市中搏杀，结果资产大大缩水，随后，也就糊里糊涂地活着，生活质量大打折扣。

因此，对白领一族而言，拿着别人羡慕的收入时，你有没有想过，如果有一天失业了，上半辈子赚来的钱是否足以应付养老的问题？当突发事件来临时，平日稀里糊涂的人肯定会陷入困境。

建议：理财规划是一种全面的人生规划，首先，必须设定理财目标，然后，请专业理财师按照目前的资产状况、收入水平、家庭情况及社会发展等诸多因素来确定合理的理财与生活方式。这其中包括教育规划、养老规划、投资规划、风险管理规划、税务规划、遗产规划等。只有这样，才可以保证整个人生有稳定良好的生活质量，老而无忧。

陷阱二：透支健康

有些东西是用钱买不到的，比如健康。坦白地说，现在有很多人都是今天用健康换金钱，明天用钱买健康。在日趋激烈的竞争环境中，越来越多的白领阶层面临着工作的压力，小病拖着不看，不断透支身体，以致生大病后收入受损，引发财务危机。

建议：投资健康亦是一种投资，锻炼、必要的营养补充与劳逸结合构成健康投资的三要素。适度的休息是为了明天更好地工作与生活，千万不要透支体力与生命。

陷阱三：保险障碍

几年前，人们对保险推销员十分憎恶。在保险市场迅速发展时期，出现了许多保险代理人。由于代理人队伍素质的良莠不齐，使得许多市民对上门推销保险者嗤之以鼻，由此，也产生了两种极端的保险障碍：要么一概不买，要么照单全收。

在前面的故事中，或许有人会说，由于主人公缺乏保险意识才会有这样的后果。但回答是否定的，他俩都买了保险——养老保险，问题是没有买对合适的保险产品，如重大疾病保险。因此，这些保险都不算是有效保险。保险的目的，归根到底是将自身的风险进行转嫁，保险的缺口通常是不能工作时所需资金与现有个人资产之间的差额。因此，在购买保险时，应充分认识自己或家庭的最大风险是什么。如果您是一名教师，单位离家很近，很少出差，那么航空意外险显然是不合适的。

建议：购买保险时，在认清风险的同时，还需要考虑保险支出占家庭收入的比重，保险费一般以不超过家庭总收入的15%为宜，保险金额根据具体情况而定，家庭收入稳定的，保障额度一般可控制在年薪的6～7倍。

陷阱四：过度投资

凡事过犹不及，投资也是一样。过度投资也是一种不明智之举。

前些年，全国各地房地产市场非常红火，造就了不少富翁。在财富效应的驱动下，有些投资者开始举债投资，购买多套房子以期增值，于是出现了许多“负翁”。日本房地产泡沫破裂的历史教训告诉我们：超负荷的过度投资，往往是财务危机的罪魁祸首。

建议：年轻人要控制自己的债务。用明天的钱圆今天的梦固然很好，但要有个度。一般而言，家庭债务的合理比例应控制在家庭总收入的50%

之内，否则，一旦市场波动或家庭发生意外，其破产的可能性也将增大。

陷阱五：单一投资

风险需要分散才能变小，因此，在理财时，切勿选择单一的投资方式。如今市场上的理财产品名目繁多，一些人听到高收益的产品，便一哄而上争相购买，却没有关注它的风险。遇到市场变化，如股市不好，则马上谈“基”（基金）色变。于是，总有人在问，现在有什么可投资的？他们往往会将资金投向单一的领域，一旦发生投资风险，财务危机随之产生。

建议：天下没有免费的午餐，高收益的理财产品往往蕴含着高风险。投资安全的产品，如存款，也存在着负利率的风险。因此，在做理财规划时，要根据自身的风险偏好、风险承受能力、年龄、收入、家庭等情况，兼顾收益与风险来构建一个高效的投资组合，以此获得稳定的收益。

保险是为我们增值的，不是让我们受罪的

近年来，随着人们保险意识的增强，投保成了不少人为自己和家庭增值的新选择。

小L是一个在大城市打拼的“80后”女孩，她在理财方面颇有想法，这些年一共购买了5份保险。然而，随着这些年结婚生子，生活开支变大，每年4万多元的保费却越来越成为一种负担。虽然她的家庭年总收入超过了25万元，但大城市衣食住行全都贵，支付保费也慢慢变得吃力起来。

到了2019年，小L总算缴清了其中两份保险，但余下的大病险、教育险与投资险，每年也有1万多元的保费，另外加上老家的母亲刚刚退休，家里也需要她的资助，她真的有点喘不过气来。

小L这样的例子在现实生活中很常见，专家说，这部分人群的可取之处在于有保险意识，但是他们欠缺的是务实地衡量自己的实际经济情况的能力。

其实，买保险与买房是一样的道理，要量力而行。恰当的保险保障是必需的，如果继房奴、卡奴、孩奴、车奴之后再次沦为“险奴”，那

自己的生活水平反倒没有了保障。

1. 及时核查保单是否合理

为了有效防止保费支出压力过大，可以每两年或每一年对自己和家人的保单进行核查，从而发现可能不尽合理的地方。

保险理财专家认为，保费的多少要根据自己的家庭储蓄、收入、投保目的等多重因素来确定。一般来讲，家庭年保费支出占家庭收入的比重不宜超过 20%，以 10% ~ 15% 为宜。收入较低的家庭，这个比例可以降到 8% 左右。

买保险最主要的目的是让这份小小的保单在我们遇到危机的时刻能帮到我们，如果购买保险成了生活中的沉重负担，那就完全违背了买保险的初衷。所以在购买之前千万要做好计划，别一不小心成了“险奴”。

2. 收入不高的人应选择“消费型”保险

其实，容易成为“险奴”的，主要是中低收入者，或是年收入不稳定的人群。他们经济能力有限，或者没有连贯、稳定的收入来源，因此一旦投保过量，或是收入中断，后期的保费缴纳就难以为继了。

对收入不高的家庭或个人而言，想要在自己的经济承受范围内做好商业保险保障规划，要尽量少花保费多得保障，那么在险种的选择上，应该偏向消费型产品。

不少人喜欢购买带有现金返还功能的保险，还有不少人在购买人生第一份保险时总是说“就当储蓄”。但带有储蓄或者投资收益功能的保险产品，因为要在一定时期后返给投保者现金，因此价格会比较高。

对经济能力有限的人而言，在没有多少钱可用于购买商业保险的情况下，自然要挑选纯保障的产品。虽然你不能从保险公司拿回一分钱，但你获得了保险期间内的有效保障，已经达到了“保险”的目的，也就物有所值了。

举例来看，以死亡（无论是疾病还是意外引发的）为保险责任的寿险产品，可分为终身寿险、定期寿险和（生死）两全保险三大类型。终身寿险的保单有现金价值，可用来质押贷款，有较强的储蓄功能；定期寿险是消费型产品，保障一定时期内的身故利益，过期后就作废；（生死）两全保险可在保险期间或期满后领回一定的生存金。

30岁的小R是一家之主，女儿3岁，夫妻两人每月总收入8000元，日子过得稍显拮据。他打算从某公司购买一款寿险类产品。如果他购买一份30万元额度、15年期的定期寿险（选择15年，主要是考虑保障到女儿成年后），只需要每年支付700元的保费。如果他要购买该公司同样30万元保额的一款两全保险，15年的保险期间内每年需缴19 000元，满期后仍然生存则返还30万元，保险期间内死亡也可获得30万元保险金。由于小R家里目前的资金不宽裕，因此没有必要投入一笔较大额的保险资金为将来的生活做保障。对小R来说，选择购买消费型的定期寿险更为合适和经济。

3. 先给大人买保险

在生活当中，许多人都有“先给孩子买保险”的想法，当然许多人也都是这样做的。实际上，先给孩子买保险是错误的！父母爱孩子的心可以理解，但同时也忽略了最重要的一点：父母才是孩子的保险！

当孩子突然失去了父母的时候，她便丧失了所有的保障。在任何时候父母都是她的保障。作为孩子的父母，应该想到在两人都健在时可以照顾好自己的孩子，如果都不在的时候呢？所以先给大人买上足够的寿险，才能给家庭和孩子一份坚实的保障。

4. 先给家庭经济支柱买保险

很多男人会这样想：“我不需要保险，我的妻子和孩子最需要保险。”

在现代的家庭当中，一般男人是家庭经济收入最主要的来源，也是家庭的维持者，他们都有一份相当不错的工作，事业上也是小有成就。在男人看来，自己就是一家之主，是这个家庭的强者；而老婆和孩子相对来说就是家庭中的弱者，他们才是最需要受到保护的，所以在买保险的时候理所当然地要先给老婆、孩子买。事实上这是把家庭中的强弱关系混淆了。从收入的角度来说男人是“强者”，如果从家庭的角度来说，男人却是家庭风险中的一个软肋。道理非常明显，既然是家庭收入最主要的来源，是家庭的经济支柱，那么一旦发生风险对家庭的打击也是最大的，所以说作为家庭的经济支柱，其实是最需要保护的。这个经济支柱发生了意外或者有重大疾病的风险时，家庭最主要的经济来源便会中断，同时降低了生活的品质，还会导致家庭经济崩溃。

所以在做保险规划的时候，要切记谁最应该保？谁最该先保？那就是给这个家庭带来主要经济收入的那个人。对于经济支柱本身来说，所要承担的责任就在于要给自己的家人做好充分的准备，尤其是自己不能挣钱了该怎么办呢，而寿险就是给家人最好的一道安全生活屏障。如果这个顺序被弄反，给所谓“最需要保的人”上的那些保险，在支柱出现了风险之后不但没有任何作用，同时还会成为家人沉重的负担。

5. 先买意外险和健康险

人生有三大风险：意外、疾病和养老。最难预知及控制的就是意外和疾病，而保险保障的意义，很大程度上就体现在这两类保险上。但是很多人也感觉到这两种保险的保费不返还或者回来得很少，甚至算不上投资，或者说很不划算，所以最具有保障意义的保险一直以来都没有受到足够的重视。于是当风险真正来临时，很多保险却“不管用”，这就导致一些人对于保险的认识走向误区。其实，科学的保险规划，应该先从意外险及健康险做起，有了这些最基本的保障，再考虑其他的险种，就是说如果没有任何商业保险，买保险就按照下面的顺序进行：意外（寿险）——健康险（含重大疾病、医疗险）——教育险——养老险——分红、投连、万能险。

6. 先买保险再买房

三十岁左右无房族经常会对代理人说："现在我要攒钱买房，等到我买了房、买了车之后再买保险。"类似这样的说法还有"我现在没有闲钱来买保险"，等等。在他们看来，保险就是一种奢侈的消费品，现在一点都不着急，或者说保险只是有钱人来消费的。而实际上，这种观念是错误的，保险是一种保障，不是等到生活到了小康甚至更好之后才需要的，保险是转移风险的一种非常好的手段，而风险并不是在生活好了以后才会出现的。如今，房、车、保险已成了人们生活不可缺的"三大件"，这其中又数保险最重要。所以说，想要科学地理财，保险就得在房、车前购买。

Part 9
提高收入后如何对收入进行分配？

我们的钱都花在哪里了？

前面我们分享了提高主动收入的方向、措施和计划，相信经过大家的努力，收入会或多或少地增加，这些钱里就有我们实现财务自由的种子，我们不能轻易花掉！

小S刚开始工作的时候，实习工资只有4500元，而这4500元工资勉强够小S的日常生活支出。后来到月薪8000元的时候，一个月下来，最终竟然也是一分钱没剩下。

这让小S冥思苦想了好久，最后，小S决定建立一个“花钱档案”，对每天的支出做一个详细的列表。小S将每天的每项支出都详细登记入册。然后，根据一个月的记录分析问题所在，看看钱到底是如何花掉的。

分析的结果非常明显：小S每周都要从北京去东北看女朋友，坐火车一个来回，就是一笔不小的支出；买一件衣服花了300多元，还是打了5

折的；与同事泡吧花了 200 多；还分期付款买了新的笔记本电脑……小 S 一个月的工资就是这样花没的。

小 S 终于明白了，钱挣得再多，不控制欲望，都会花光的。

在生活中，还有很多像小 S 这样的人，有的人甚至工资比小 S 还要高，但是依旧每个月都是赤字。他们一听到攒钱就开始犯难，觉得自己的收入本来就不多，还要从薪水中拿出一些来储蓄，非常困难。

有些人也会说，收入是增加了，但要花钱的地方太多了，还是不够用，没钱做投资呀。诚然，钱不够是我们永远要面对的一个难题，如何跳出挣钱越多越不够用的困境？《富爸爸穷爸爸》中揭示的四大财商智慧之三给了我们答案：实践富人的现金流模式是决定我们跳出老鼠圈赛跑实现财务自由的关键所在！

一般来说，我们的收入主要有以下四个去处：

（1） 日常的必要支出，比如保障最基本的衣食住行的开销。

（2） 偶发的必要支出，比如旅行、随礼的钱，以及给父母的钱等。这些支出看似偶发，却难以避免。

（3） 非必要支出，比如逛街随意的购物、随手买到的咖啡、没事儿上网时的购物等。

（4） 微乎其微的节余。

培养储蓄的习惯

在积攒钱财的时候，可以从1块钱、第一份薪水开始攒起，即使第一笔收入微薄，在扣除个人的固定开支和给父母一些外，薪水所剩无几，也不能低估微薄钱财的聚集能力。时间长了，微薄的钱财会变得非常的厚实，积攒的钱财也会越来越多。

成功学大师拿破仑·希尔希望有自己的储蓄，为了更好地攒钱，他用这样的方法：步行半个月，省下来1美元的电车费，用这1美元在银行里开了一个账户。拿破仑·希尔非常开心，因为有了这1美元的存款，他有一种踏实的感觉，好像有了希望，也有了后盾一样。半个月后，拿破仑·希尔又存进1美元。就这样，他用步行半个月的方法，把省出来的1美元存入银行。一年后，存折上就有24美元的存款了。

所以，即使你当前的工资只够你应对生活，也应该从每月不多的工资中拿出一些存入银行，并且要保证不用，只进不出。长久地坚持下去，银行的存款就会像计程车的计价表一样，持续上升。时间长了，工资也会相应地提高，这个时候，存进银行的钱也可以相应增加。

人们往往错误地以为，“等我的收入提高了，就都可以改善了”。然而事实是，我们的生活成本会随着收入的增加而增加，我们的欲望会随着收入的增加而增强，因为我们总觉得“生活太苦”，提升生活质量的诉求，一直存在。

有位记者在成都春熙路街头对20位时尚女士进行采访，采访的主题是：你现在的消费水平比两年前提高了多少？

小A：“吃喝上没多太多吧，主要是房子贵了，之前租的房子4000元，今年已经5500元了……除了房租，各种花销也都涨价了，咖啡还贵了呢！算下来一年得多出两三万。”（日常开销）

小B：“这两年我热衷于滑雪，每年也得花上三四万元，这不，我还拿着刚买好的护目镜，还和朋友约好了过两天去看新的雪板。”（爱好开销）

小C：“去年我开了个玩具店，生意还不错，今年也买房了，可压力更大了，现在每个月玩具店的租金15 000元，每个月的房贷8000多元，进货采购还需要各种现金流，头疼啊。”（投资开销）

小D：“今年我24岁了，朋友啊，同学啊都陆陆续续结婚了，有的还生娃了，一个月光随礼也得有个两三千元，全是不必要支出。”（非常规开销）

……

随着工作经验的增长，我们的收入普遍都在逐年上升，但支出也是水涨船高，所以想要依靠挣得多就能存下钱，基本是不太可能的。如果我们一直处在这种放飞式消费的状态，在前期挥霍了太多的资源，恐怕会更快地让自己处于被动的窘境。

小 E 刚刚大学毕业，他是个十分优秀的小伙子，既有远大的理想又有过人的能力，他的目标也很明确：希望在 30 岁时能攒够 50 万元，并作为创业基金。毕业后，他入职深圳一家互联网企业，月薪 1 万元，行业的平均工资增幅是 10%。工作之后，他基本实现了财务独立，觉得未来触手可及。

24 岁，他坠入爱河，毕竟男孩子花的钱要比女孩子多一点，所以他开始支付两个人的费用，还用上了信用卡，循环借贷，钱都没了。

25 岁，他们的关系稳定了，可这时公司不太稳定了。一连两次的裁员让小 E 觉得自己岌岌可危，拼命加班，结果终于在一个周六的晚上倒在了工位上——腰椎小关节紊乱。这一场病让小 E 在床上足足躺了一个月，等他回到工作岗位上，没到一个月就被领导委婉地辞退了。

26 岁，经过了 6 个月漫长的寻找后，小 E 终于又回到了职场。这时他的女朋友说："我们结婚吧！"两人办了温馨的婚礼，收到的礼金和花出去的钱差不多，顶多挣了 2 万元。结婚以后，他们发现周围的同事买了车，于是一咬牙首付十几万元，月供 7000 多元，买了一辆车。

29 岁，刚还完三年车贷的小 E 要当爸爸了，倒霉的是，他的父母生病了，他自己的身体也不太好。这一年的支出多了 6 万元左右。

30 岁，小 E 拿出了自己的存折，发现自己曾经定下的那个宏伟目标和现状差别非常大，银行卡里只有 2 万元。

理想很丰满，现实却总是很骨感。我们很多人都是在不知不觉间或在发生各种突发事件时，再或者是各种“既定环节”如结婚、生子时，花光了兜里的钱。

小 F 是个非常独立的女孩。工作后，她从没找家里要过一分钱，也从未找朋友借过一分钱。刚毕业时，她也挣得不多，但仍旧在没有任何帮助的情况下租了一套还不错的单身公寓，押一付三，一共 16 000 元。一个小姑娘刚开始工作是怎么拿出这些钱的呢？她的回答让人不禁莞尔，大三下半学期开始她每个月都攒 800 元，风雨不动，加上买理财产品挣了一些钱，第一期的房租就这么轻松且愉快地凑够了。

你以为她家里给她的生活费很多？每个月 1500 元，很中等的水平。你以为她为了攒钱过得很窘迫？当然不是。

她的衣服一点儿也不少，化妆品也没少买，水果、蔬菜、下馆子，和同学的聚会一次没落下。那她是怎么攒钱的呢？

第一，她每个月都会做四次家教，一次 200 元，这刚好就够她攒下来的钱了。第二，非必要的消费她是尽量避免的，比如当她已经有了三四条牛仔裤的时候，再遇到合适的牛仔裤她基本是不会买的，再便宜、性价比再高，对她来说也是多余的。第三，当有大额支出时，不动存款而是尽量从几个月的生活费中挤出来。

其实，合理的资金规划，与“节约”的生活方式从不矛盾。从容本身就是一种尊重生活的态度。这里只提出一点规划：当你想买非必要的咖啡时，当你逛街想买个不太划算的小玩意儿时，当你能在合理的范围选择一个稍微便宜一点的酒店时，当你在衣橱满满的时候还网购差不多的衣服时，把这些钱愉快地转进自己的储蓄账户，哪怕只是十几元、几十元。存储的动作会形成一个习惯，且会在潜意识里告诉自己可以把非必要的花销去掉，存起来，因为储蓄有另外一个名字：支付给“未来的自己”。

其实这一点也不难。从现在开始，给自己定一个小目标，每月储蓄工资的10%。10%的金额一般不会影响生活质量。同时，试着将意外收入、奖金、加薪的50%存下来，用剩余的50%好好犒劳自己，也会获得惊喜。

请这样分配你的收入

十几年前有这样一则新闻，一个名叫卡罗尔的拾荒者无意间买彩票中了一亿美元大奖!

可八年后他却又变成了穷光蛋，曾经豪车美女，如今露宿街头。如果无法对自己的财富进行有效的管理和分配，那么即使再有钱也会有花完的一天。如果可以将自己的资产做优质的分配，那么即使我们再贫穷，也有可能通过努力实现财务自由。

对我们大多数普通人来说，在财务自由的第一阶段尽管感到钱不够花，但我们仍然要在收入增加的情况下节制消费、强制储蓄和强制拿出一部分收入用于学习和投资，这是我们实现财务自由的希望和种子，改变命运，就要从这儿开始：实践富人的现金流模式！对我们的收入进行一个合理的分配。

首先，对广大E象限的打工者来说，可以参考下页这个收入分配图，结合自己的年龄及家庭实际情况进行比例调整，制订一份自己的收入分配计划。

在你年轻特别是刚参加工作收入较少时，你用于生活消费的比例可以高些，比如80%或更多，用于保险的占5%，用于学习提升技能的占5%，用于应急储蓄的占 5%~ 10%。随着你的年龄增加、职场晋升收入增加，用于生活消费的比例可以是 70% 或以下，用于保险的占 10%，用于学习提升技能的占 10%，用于应急储蓄的占 10%，用于投资的占 10% 或更多。总之，不应该把所有的钱都花光了，没有应急、保障、学习基金，那样将永远实现不了财务自由，而且还特别容易形成负债。

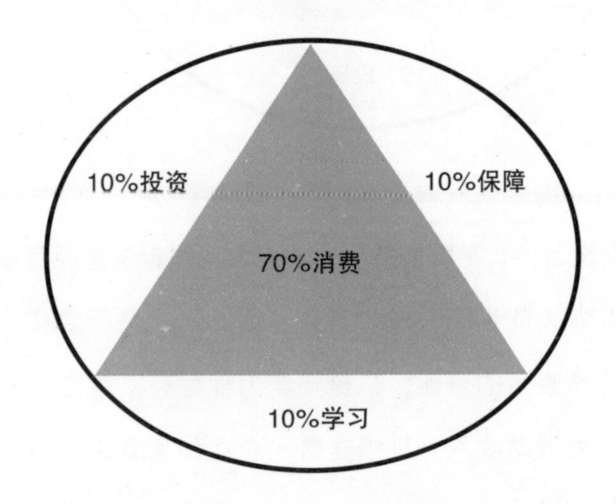

其次，对于众多的自由职业者和小微企业主，我们提供了上面的收入分配图供大家参考。提醒一下，这里是对利润的分配，建议可以将利润的 60% ~ 70% 投入研发和再生产，剩下的 30% ~ 40% 中的 10% 依然需要建立保障，50% 用于日常消费，40% 进行别的投资。

另外，建议中小企业主一定要对企业资金和家庭资金做好区分和隔离，企业的钱不是家庭或个人的钱，一旦混淆，会涉及税务和法律的风险，万一企业遇到债务危机还会连累家庭。

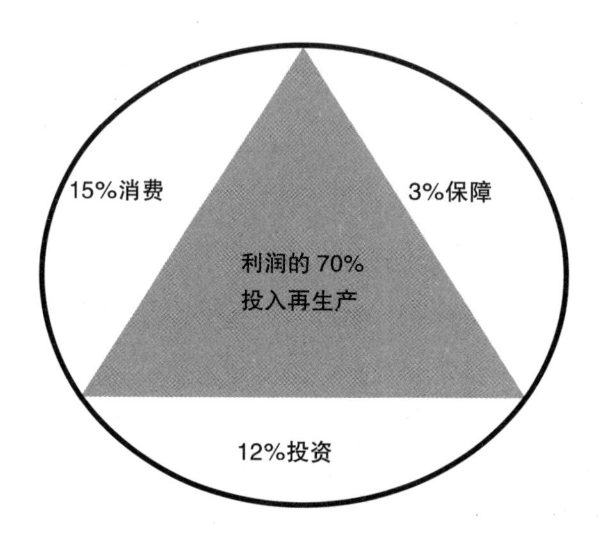

很遗憾地提醒各位，在目前各行业从自由竞争走向垄断竞争的阶段，绝大多数小企业做大的可能性微乎其微。因此，一是不要孤注一掷地加大投入，避免负债累累的可能，二是要全力保生存，拿出一部分利润用来投资，从而产生被动收入。可根据自己企业和家庭实际情况参照上图调整各相关比例。

丁克家庭理财方案

丁克家庭于20世纪80年代起悄悄在中国出现，虽然起初会招致别人的议论，但现在已经越来越被人们理解和尊重。在家庭理财方面，丁克家庭面临的最严峻的问题是养老，在没有子女的情况下让自己的晚年生活无忧则需要很好的财富规划。

因为丁克家庭收入较高，又没有养育子女的负担，他们一般都很注重享受人生，生活质量常常比普通家庭高出很多，而如何做好消费规划，为未来生活提供更全面的保障是他们首先要考虑的问题。因此，丁克家庭理财时应注意以下问题：

1. 全面提高保险系数

丁克家庭既然突破了养儿防老的传统模式，就要比一般家庭更注重保险的规划，除了公司的五险一金，还要适当地给自己增加一些意外伤害险、重大疾病险、终身寿险和医疗住院补贴险等。丁克家庭的保险额度应该更高，险种应该更全面，在条件允许的情况下不妨考虑保险公司专为高端客户量身定制的保险组合。

这样做不但为自己提供了多重保障，还可以避免因没有子女而导致的踽踽独行的尴尬。即使你有能力独自承担，跟有人分担的感觉也是不一样的；纵使跟你分担的只是功利性伙伴，也少了一份自怜和遗憾。

2. 适当增加收益型投资

既然没有孩子，也没有大的经济压力，剩下的就只有好好规划自己美满的晚年生活了，这就是丁克家庭一再强调的养老理财目标。

对于丁克家庭如何准备养老金的问题，可谓仁者见仁，智者见智，但有一点是一致的，就是养老规划既要考虑生存时间，还要兼顾通货膨胀。所以很多专家建议丁克家庭与其储蓄养老，不如做一些风险较小的收益型投资。因为投资回报率总是与时俱进的，这种钱生钱的方式更能抵御通货膨胀带给丁克家庭的巨大压力。比如基金和一些收益型理财产品都是不错的选择。

3. 留够家庭急用金

对于丁克家庭来说，不但会有比较高的平均月支出，还要顾及双方各自的商业活动和其他意外等随时可能出现的大额度支出，所以一般要留够比平常家庭多出一倍左右的活期存款作为家庭急用金。

对于丁克家庭来说，家庭急用金具有更深层的意义，很多时候是为他们增添了一份安全感，这是丁克家庭财务管理的一个重要方面。

作为一个特殊的群体，丁克家庭有其独特之处，没有子女赡养的晚年必然有一定的不便。正因为如此，在理财时，丁克家庭才应该比平常家庭多一分慎重。

Part 10
如何构建你的资产配置计划并获得被动收入？

资产配置计划真的那么重要吗？

资产配置是根据人生目标制订规划，结合不同投资工具的特点，制订投资策略，并进行合理的配置，从而使资产稳定增长。

资产配置并不是近年来新兴的词汇，早在千年之前，古人就有资产配置的理财观念了。

唐宋八大家之一的苏东坡在当时十分有名，尽管他是家喻户晓的诗人，也做过官，但其实苏东坡并不那么有钱，尤其是在被贬为黄州团练副使之后，俸禄大减，生活也捉襟见肘起来。于是他给自己想了个办法——固本培元，保守理财。

每月发放俸禄之后，苏东坡会取出4500文钱，并将这些钱分成30堆，然后串起来挂在房梁上。每天，他会用长长的竹竿把铜钱挑下来，取出当天要花的钱以后，就把竹竿藏起来不再取用。另外，他还把每天没花完的钱存在一个木桶里，用来日后招待客人。

节流虽好，但是理财只做到这样还不够，我们接着看范蠡是怎么做的。范蠡是中国早期的商业理论家，也是财神的原型。范蠡的做法十分超前，他讲究“多元化投资”，除了每日必要的耕作外，他同时兼营捕鱼、晒盐等副业，还涉及皮革等其他行业。为什么他要涉足这么多领域呢？因为当天气恶劣不能耕作和捕鱼时，他还可以在其他方面获得收入，这样的资产分配方法降低了风险，同时也拓宽了挣钱的门路。

了解资产配置之后，我们开始进入下一个话题。

为什么要做资产配置？

莎士比亚的《威尼斯商人》中，主人公安东尼奥曾说过：“我十分感激我的命运，我的生意成败并不完全寄托在一艘船上，更不是依赖着一处地方，财产也不会因为这一年的盈亏受到影响，所以我的货物并不会使我忧愁。”简单来说，他的意思就是不把鸡蛋放在一个篮子里。

1. 尽量规避失败的投资

美国经济学家马科维次通过分析近 30 年来美国各类投资者的投资行为和最终结果发现：在所有参与投资的人里面，有 90% 的人不幸以投资失败而出局，而能够幸运存留下来的成功者仅有 10%！而这 10% 就是做了资产配置的那一少部分人。

相关研究表明，投资收益中 85% ~ 95% 来自资产配置，复杂如公式般的投资方式，受证券选择、时机选择等因素影响比较小，因为资产配置有效分散了投资的风险，减少了投资组合的波动性，使资产组合的收益趋于稳定，不会出现一损俱损的情况。

举个简单的例子，比如你现在拥有100万元，用其中的40万元投资股票，又用20万元投资了一个花店，10万元放在稳定基金中，剩下的购买黄金。假设你不幸遭遇了2015年的股灾，股票40万元血本无归，但黄金一直在上涨，花店经营得不错，就可以部分或者全部弥补你在股票上的亏损。

2. 应对不同的财富周期

我们的一生会经历许多不同的人生阶段，有起有伏、有涨有落，同时各个阶段收入和支出的情况也不同，比如你25岁前存了几十万，可能26岁买了房，一下现金就压缩了。正是因为财富情况不同，相应的理财需求也不一样，而合理的资产配置能够帮我们实现理财需求。

3. 助力跑赢通货膨胀

20世纪90年代初，一块钱可以买五支奶油冰棍，20世纪90年代末，一块钱可以买一瓶汽水，21世纪初期，一块钱可以买一串羊肉串，而到了今天，一块钱甚至都买不到一颗糖。的确，停车费每小时都5～10块了，1块钱已经什么都干不了了。

随着时间的推移，为什么钱会变得越来越不值钱?

经历了第一次世界大战的德国，发生了这样一个带有讽刺意味的故事：有一个小偷去偷东西，见到筐里装满了钱。于是，他从容不迫地将钱倒了出来，将筐拿走了。这让很多人感到费解，小偷为什么要筐不要钱呢，简直太傻了！大家有所不知，在当时的德国，货币贬值已经到了现代人无法想象的地步，装钱的筐与那些钱相比，筐反而更有价值。

第一次世界大战结束之后，德国的经济已经几近崩溃。《凡尔赛和约》的签订又让德国背负了巨额的赔款。迫于无奈，德国政府只好连夜赶印钞票，希望可以通过发行货币赔偿欠款。因此，从 1922 年 1 月到 1924 年 12 月，德国的货币不断贬值，物价以惊人的速度上涨，一张报纸的价格变迁可以反映出这种速度：一份报纸的价格从 1921 年 1 月的 0.3 马克，一路飙升到 1923 年 11 月的 7000 万马克。

如果当时在德国银行里存 1000 万马克，到了 1923 年 11 月份还不够买一张报纸，穷人岂不是要饿死吗？经历了通货膨胀的“洗劫”后，货币的购买力如跳水一般直线下降。

尽管现在的通货膨胀没有那么夸张，但也正悄悄地渗透我们的吃、住、用、行等方方面面，大到房产，小到柴米油盐，一切的一切似乎都在进行着一场轰轰烈烈的“价格革命”，通货膨胀使钱越来越不值钱。

什么样的资产配置模型能跑赢通胀？

想要规划出合适的资产配置，首先我们要将自己的资产做一个简单又明确的分类。

第一类：供日常支出和特殊情况的现金类资产

现金类资产一般指放入货币基金或者银行的活期存款，这部分钱可以随时取用，用于花销和应急。一般来说，无论你投资的股票亏损多少或者你开店临时需要资金，这部分钱都尽量不要动，因为这是你生活的基础保证金。

第二类：中短期内有花销项但也可用来做灵活投资的用途类资产

两个月后，你需要支付 4 万元的房租，这部分钱已经有了但是又不急着用，这类资产就属于这个范畴。一般来说，可以每一个用途单独用一类产品来打理。比如：两个月后要交的房租，你可以存一个两个月的定期；今年的旅行费用，你可以放到浮动较小的基金中；冬天的置装费，你可以先定投到每个月的基金池中，到了冬天再将收益取出来……总之，别让钱闲在银行，让钱滚动起来。

第三类：固定或长期资产

这类很好理解，也是我们最常用来做理财的部分，比如房产、基金定投、长期持有的股票等。一般来说只要稳定，这部分就是我们的长期固定资产，可以有效衡量自己持有的价值。

或许你不知道，20世纪80年代末，我国就曾经历了一次恶性的通货膨胀，直接导致物价的上涨。1988年到1989年之间，CPI（居民消费价格指数）达到了20%，而因为20世纪90年代初货币的持续超发，1993年的时候CPI甚至达到37%。尽管1998年以后，中国进入了经济发展的快车道，通胀水平得到了一定的控制，货币仍以每年10%左右的速度在增发。

如果大致估算一下通货膨胀率，那么2018年的1000万元，大约只值1988年的15万元。王健林就曾在接受鲁豫采访时表示，1989年挣的1000万相当于现在10个亿都不止，这意味着30年来货币贬值率为90%。

而经济学理论告诉我们，通胀是永恒的，通缩是短暂的。所以我们更需要合理稳定的财富配置手法。

那么接下来，请记住财富配置的两大关键原则。

股神巴菲特曾经说过，在财富配置的过程中有两条原则：

第一条，保证本金安全；

第二条，永远记住第一条。

高收益一般意味着高风险。而以跑赢通胀为目标的财富配置中，不需要追逐泡沫般虚标的高收益，也不要贸然将钱都投入到风险非常高的平台中。保证本金安全，这是财富配置的原则。

那么，究竟什么样的资产配置模型对于我们普通人来说更合适呢？

本书认为，你可以做到以下几点：

（1）现金类资产可以放入余额宝等每日可兑换和花销的理财产品中。

（2）将用途类资产放入定投基金中，之后用定投基金盈利的钱＋现金类资产去尝试支付，余下的钱就是我们的盈利，如果支付不了，再取用部分用途类资金。

（3）将固定或长期资产以保险＞房产＞银行基金产品＞私募基金＞花销的方式安排。在这里，“＞”是优先的意思，也就是说我们首先考虑购买保险，有了保险之后考虑房产，如果钱不够可以先放到基金产品等地方进行投资，一旦够买房产后，选择优质房产……之后再循环安排。

开始理财并自己尝试搭配资产配置模型之后，相信你会慢慢爱上这种被动赚钱的方式。

如何实现年均 10% 以上的收益增值？

看到这里，相信大家对财务自由计划已经有了初步的认识。如果你能慢慢学到富人的思维，将自己的做事方式逐渐向富人靠近，那么几年后，你会开始有一定的财富积累。手里有钱了就要考虑进行一定的资产配置，从而产生被动收入，并做好风险管理，这也是我们制订财务自由计划很重要的一步。当年赚了钱，后来慢慢地又没了，什么都没留下的案例比比皆是。

金融类的广告都会提到一句话："投资有风险，购买需谨慎。"家庭的资产配置不是简单地买哪些产品、怎么计算收益这么简单。我们做家庭资产配置计划需要考虑目标和实际需要，需要考虑风险和收益的平衡，需要考虑短期和长期的搭配，需要考虑资产的可变现程度。

有一个铁律叫作投资的不可能三角。什么意思呢，就是说我们的各项投资，都不可能收益性、安全性和流动性三者全占。比如房产，可能实现收益性和安全性，现在收益性其实也是存疑的，像北京一线房产的租售比，一般在一点多，低于国际水平的，哪怕以上两项全占，其流动性是很差的。再比如基金、股票，它的流动性和收益性可能会好，但是安全性较差，很大概率会亏钱。所以我们讲资产配置，是个组合计划，是个根据你的目标和未来的规划来设计的组合拳。

一般来说，构建资产配置计划包括以下几步：

1. 定目标

凡是计划都要有目标，资产配置计划也不例外。在确定目标之前我们先看下面这张图：

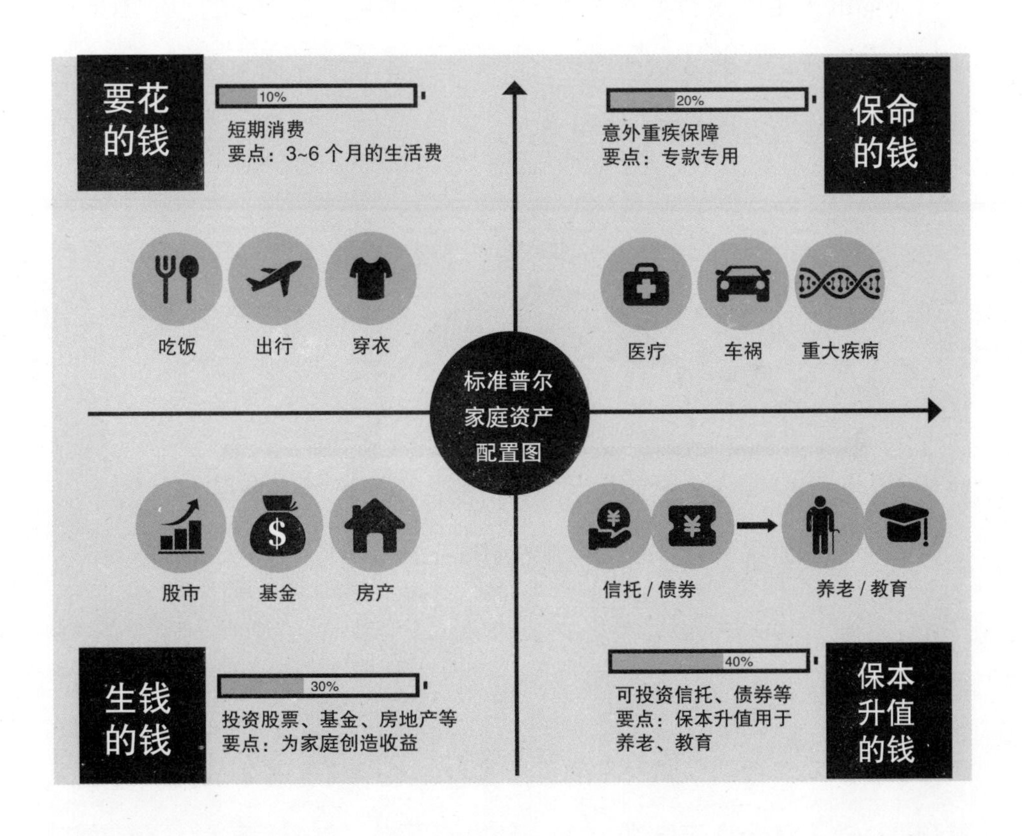

这张图是全球最具影响力的信用评级机构标准普尔，通过调研全球十万个资产稳健增长的家庭，分析总结出的家庭理财方式，得到的家庭

资产配置图，一直被公认为是最合理稳健的家庭资产配置方式。

从上图可以看到，进行资产配置最终要实现这四个目的，即保证短期内“要花的钱”，用于应付突发和意外情况的“保命的钱”，用于投资产生被动收入的“生钱的钱”，最后是用于保证资产产生稳定、可靠收入的“保本升值的钱”。

不同的人生阶段和不同的资产状况对应的目标是不同的。下图是一个简单的人生收入和支出曲线图，从大学毕业到退休期间，是我们的主要收入期，当然也是主要的支出期。

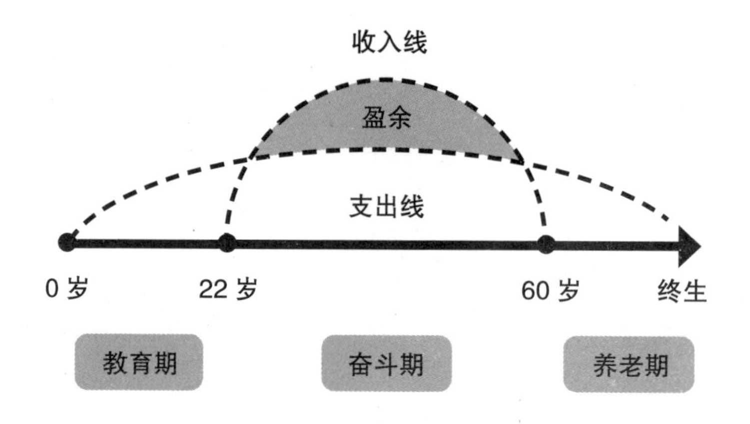

对上图我们还可以再细化一下，30 岁左右基本进入结婚生子的阶段，工作逐步走向黄金期，同时家庭负担逐步加大；45 岁基本进入了工作的瓶颈期，对于 IT 行业可能是 35 岁，同时要面临上有老人要养，下有孩子教育需要大投入，家庭负担较重的问题。

我们根据人生各个阶段的不同状态，将人生奋斗期分成四个阶段：

新手期、困惑期、发展期、稳定期。

新手期刚刚步入职场，家庭负担较小，工作收入不多，稍有节余，这时候我们应该将更多资产配置到个人教育和提升工作能力上，以此增加自己的主动收入。

基本上工作3~5年，我们将迎来职场和家庭的困惑期。我们将会面临结婚生子、职场发展、买房买车等各种现实问题，这时候的选择很关键，会决定自己未来的走向。比如是否倾尽所有，然后背上房贷，成为房奴。

这个问题是有争议的，但本书的建议是在不影响未来发展的前提下置业。如果你真的因为买房，被房贷压得喘不过气来，不敢有任何尝试，也没有资金再进行教育和学习投入。可能这一辈子你是有了房子，但人生少了很多精彩。你可以扩大圈子和知识结构，在认知层面有一个较高的视野，然后再在物质层面打基础。

工作5~8年后，多数人将迎来职场的发展期，是主动收入上升最快的阶段，同时是家庭负担开始逐步显现的阶段，各种家庭消费支出、孩子教育投入较多，这个时候要开始建立保障规划，确保家庭财务安全，开始布局相对稳妥的投资策略，尽量避免高风险投资，以长期投资为主。

工作10~15年后，多数人将进入职场稳定期，这个阶段是职业的黄金期，应该加大工作投入和开始资产方面的投资，例如房产和金融资产，逐步增加被动收入，为未来做更多储备。

2. 我们应该选择哪些资产

资产的种类很多，不同的资产变现周期、投资额度、风险、收益、折旧程度有很大不同。下图是我们根据期限做的简单分类：

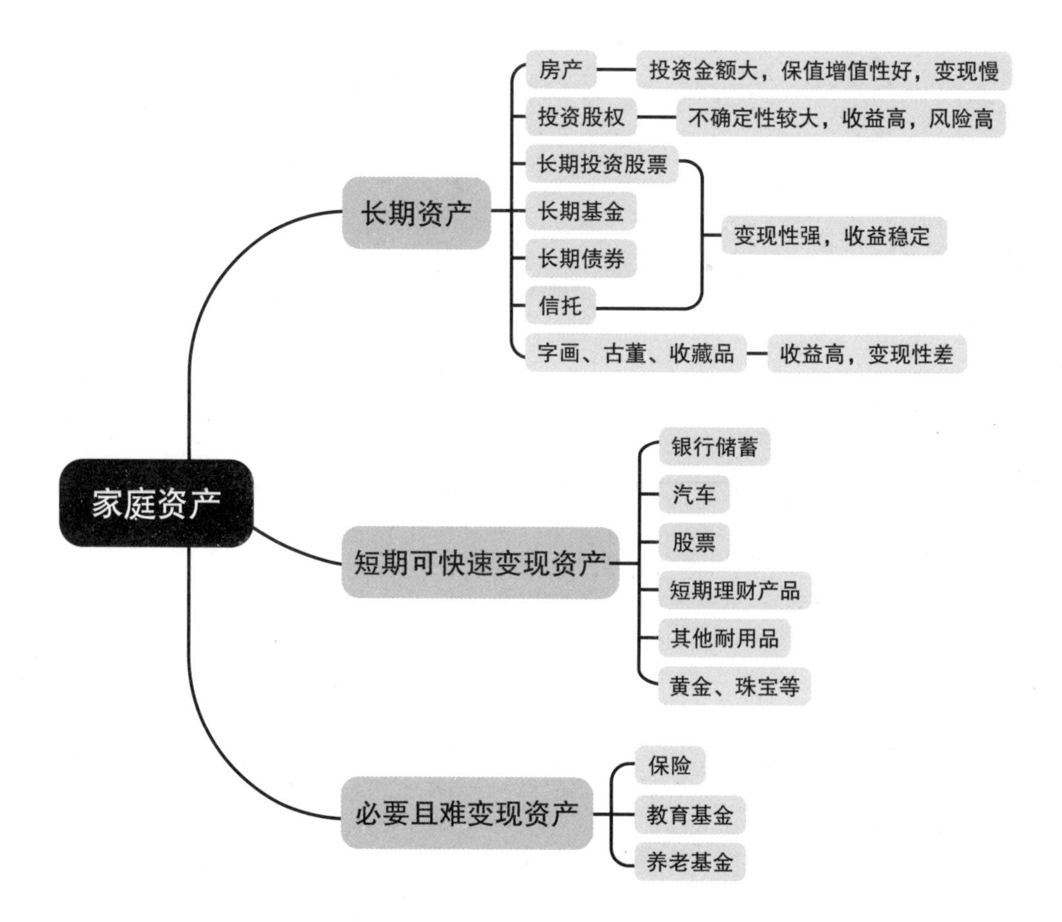

每一个小类都能单独开专业的课讲。投资没有绝对的正确或错误，所谓的收益和风险也是相对的，不可迷信。

3. 动态调整

资产配置计划要有战略战术，根据目标、时间发展和收益情况动态调整资产配置方案。在这里我们没办法说哪种资产配置方案好，每个人要根据自己的实际情况制订。下面有几种配置策略：

（1）复利定投型。从每个月的收入里拿出固定的资金投资，选择中长期收益稳定的定投类基金。这种方法的好处是，每个月占用的资金不多，收益相对稳定，用复利的方式，长期收益也相对较高。缺点是短期内变现性差，收益低。

（2）组合型。将股票、基金、股权投资、房产、银行储蓄、保险等进行搭配组合，按照标准普尔四象限进行多种组合，可以按照 3241 或者 3331 等不同方式搭配。

（3）高风险、高收益型。将资金分散投资到不同的行业，获得股权收益。这种方式变现性差、风险高，好处是一旦有不错的企业，获得的分红收益也是比较可观的，万一碰到上市的企业可能就赚大了。

这种策略不只是上面一种投资方式，股票、金融衍生品等都可以选择，根据自己的专业知识和接触的圈子选择。

（4）稳健型。以保值为优先考虑目标，选择最稳健的资产产品，如房产、国债、基金、年金保险等。这种投资方式基本能保值，收入稳定，适合风险厌恶型或步入养老阶段的人士。这种方式最好建立在有一定的银行储蓄的基础上，能满足日常生活中的快速变现需求。

总之，资产配置组合有很多种，这里我们无法展开细讲。最后，我们再强调一下，选择资产是非常专业的事情，需要有一定的专业知识储备，任何投资都有风险，在做资产搭配之前，一定要把资产的收益率、变现条件、投资期限、投资额度及其他相关条件了解清楚，然后再做选择。

我们该追求多高的收益率？

投资总是伴随着风险的，所以聪明的你也一定知道，收益率并非越高越好，而是要在自己能承受的风险之内，越高越好。

预期收益率＝无风险收益率＋风险溢价。

这是一个非常著名的资产定价模型，它背后的原理我们不做展开，但是它给了我们两个重要的启示。

第一，无风险收益率的高低决定了我们应该追求最低多少的收益率。

第二，风险溢价决定了我们能够追求最高多少的收益率。

为什么说风险溢价决定了我们的收益呢？因为这跟我们能够承受的风险评级有关。

如果你做过基金就会知道，银行在卖给你基金之前，都会先让你做一个可承受的风险测试，以此来判断你是否适合做基金，适合做多大风险的基金。

如果你上有老下有小，那么风险承受能力一般来说就要比单身汉低。如果你是个很悲观的人，一旦看到亏本就会吃不下饭，睡不着觉，那么你的风险承受能力也属于比较低的。

再结合公式，我们可以得到以下结论：

如果你对钱比较保守，害怕亏损，那么适合在一些比较保守和安全的品种上投资，比如货币基金、银行理财、保险理财、券商理财，有 5%¯ 8% 的年化收益率水平就很不错了。

如果你能够承受中等风险，可以考虑增加一些权益类资产，那么可以预期 8%¯ 10% 的收益水平。

如果你有比较高的风险承受能力，可以忍受投资的失败及资产的受损，那么你就可以配置权益类资产，如股票或股票型基金，长期来看，可以获得年均 10% 以上的投资收益。注意这是长期年化平均之后的结果，单个年份有可能面临亏损。

随着市场上好的投资标的减少，市场越来越成熟，未来这个收益水平很可能还会降低。所以未来一谈到收益率或者利息，大家首先应该有一个概念。目前市场上，8% 左右的投资收益率，就算比较可观的了。如果一个产品承诺给你超高回报，但是告诉你没风险或者风险很低，百分之百是骗局。

时刻牢记，我们要求的回报越高，需要承担的风险也就越高。

复利带来的惊人效应

回归财富的本质，被爱因斯坦称为世界第八大奇迹的复利公式，的的确确是能够帮我们每个人都实现财务自由的，爱因斯坦提道：

$$复利 = 本金 \times (1+ 利率)^{计息期}$$

从这里我们就能看出来，复利的力量无穷大，如果你每年拿出 7 万元，然后按照 7% 这一稳定的收益率进行投资，70 年后，你就会成为亿万富翁！（当然了，按照我们最新分析的财务自由论，到第 40 年左右，你就已经财务自由了。）

那么，让我们重新审视一下这个公式，它向我们揭示了复利威力中最重要的三个因素：本金、利率与计息期。

本金我们一般称为第一桶金，但如果你开始得足够早，那么哪怕只是 1000 元，你都可以算作是自己的本金。

利率是受银行管控的，同时是受市场经济制约的，粗看之下和我们的关系不大，但这其中其实隐藏着我们的理财、投资认知的提升。比如，在刚开始的几年，我们可能只投资一些理财产品，慢慢随着自己有经验了，会涉猎一些基金或股票的领域，虽然风险上来了。但收益同时也跟上来了。再后来可能黄金、期货等都会成为我们的选择。

小A是刚走入社会的职场新人，攒了两个月的工资，他怯怯地走进银行，想问问基金经理自己的1万元存款是否也能给自己带来点额外收益。基金经理热情地接待了小A，并愉快地告诉他："不要小看你的1万元！通过适当的理财工具，每年收益10%的话，那么20年之后，这笔钱最后连本带利会变成6.73万元。如果这个时间是50年的话，那最后连本带利的投资总额会变成117.39万呢！"

小A听得直咋舌，甚至觉得难以相信——等72岁的时候，自己什么都不干就能成百万富翁了？

你或许会问：究竟是什么东西让1万元发生了如此"裂变"？答案是复利。

复利的特殊之处在于其计算方式，它是将本金及其产生的利息一并计算，也就是利上有利。就是通常人们所说的利滚利的意思。

在复利的条件下，例如每年投资1万元，选择的理财工具的年报酬率为10%，那么第一年的本利之和就是11 000元，即10 000元的本金加上1000元的利息。而第二年的投资本金就是10 000元再加上第一年的11 000元，也就是将第一年的获利1000元并入本金继续投资，因此第二年的本利和就是21 000元×（1+10%）为23 100元，第三年再以33 100元继续投资，如此周而复始……20年后，则本利之和将达63万元。如果以20年的本金总和20万元来看，那么在20年间其总体投资报酬率超过了300%，与最初每年投资报酬率 10%（单利）相比，复利的威力可见一斑。

事实上，只要有投资报酬率的理财工具，再配合时间上的累计，都会产生相应的复利效果。因此，评估复利效果的关键不在于理财工具本身，而在于投资报酬率高低及时间长短，也就是说只要是具有投资报酬率的理财工具，加计投资的时间后，都可以产生复利效果。

我们把现金流的现值（PV）和终值（FV）之间的关系，用利率 K 和期数 t 来表示为公式：

$$FV=PV(1+K)^t$$

那么，今天的 100 元人民币（FV），在通胀率为 4%（K）情况下，相当于 10 年（t）后的多少钱呢？答案是 148 元左右，也就是说 10 年后的 148 元才相当于今天的 100 元。

了解了复利和货币的时间价值，我们普通人都应该好好将复利利用起来。而我们需要做的仅仅是：

第一，先储蓄，后消费，每月储蓄至少 15% 的工资；

第二，坚持每年投资，投资年回报率尽量保持在 10%；

第三，坚持 10 年以上持续不断地投资。

怎么样，只要利用好复利，你完全有机会实现财务自由吧！